綠建材

涵蓋**結構材**、**裝潢材**、**隔熱材**、**塗裝**、**泥作** 110 個**綠建材特性**與**施工做法**，打造**健康**、**再生**、**減廢**、**低汙**的理想宅

落合伸光、大江忍、大場隆博、山田知平 ——合著

劉向潔——譯

推薦序 （順序依姓名筆劃排列）

　　大衛森（Davidson）在《You Can't Eat GNP》一書中已指出當前經濟學與科技理論的三大謬論，其中之一就是：「高科技終會拯救人類」。事實上，有些辦公大樓雖然耗費鉅資導入自動化建築節能管理設備，其耗電密度卻比一般相似規模的辦公大樓高出13%。我從事建築工作30年，深感人類的思考範疇應放得更長遠一點；而身為台灣永續綠營建聯盟理事長，更欣見台灣近來積極展現關懷人本健康及地球永續的決心，以促進「人居健康」、維護「生態環境」、提升「產業競爭」為綠建材標章的推動目標，強化國內建材的管制。

　　也因此，很高興可以看到這本圖文並茂的書籍，這本書從基本原理出發，卻道出「地球永續、人本健康」的非凡意義。書中指出從LCC（Life Cyle Cost）與LCA（Life Cyle Assessment）來考量的重要性，正深深契合吾意；而本書最感動我的地方，在於指出「適合與不適合自然材料的屋主」、及「認清屋主選擇自然住宅的真正理由」，並提出製作維護書的做法，這是多麼負責的態度！希望屋主都能如同對待自己的小孩一樣，珍惜與愛護自己的住宅。誠摯向各位推薦這本兼具休閒、教育、專業性的實用好書，希望您會跟我一樣愛上它。

王世昌

社團法人臺灣永續綠營建聯盟創會理事長／建築師

　　所謂的綠建材，應具體落實：製造時使用最少能源和資源；使用時不危害人體健康且具有耐久性；廢棄時能無毒性自然分解、回歸自然循環，或充分再利用、進入工業循環成為新材料的來源。然而，現今經工業化生產的建築材料極少考量到全生命週期評估（WLCA）、生命週期價值（LCC），不僅加重全球暖化與環境汙染問題，更容易導致生活居住空間充斥著毒性化學和致癌物，引發病態建築症候群（SBS）的問題。

　　本書深入淺出地說明了：自然住宅的精神、選擇材料和工法的考量、將自然材料使用於建築物各部位的裝修技術、與運用自然材料時應注意的問題，不僅有助於讀者了解選用建築材料的正確觀點和實用知識，更提醒我們：為了顧全人體健康與地球環保，可以選擇一種永續、自然的生活態度。

邵文政

國立臺北科技大學建築系副教授兼創新綠建材研發與推廣中心主任

在我的書架上，已經有不少來自日本的建材書，但這是第一本針對自然材料做討論的專書。我一直很喜歡、也很期待有一天能將自然材料運用在現代住宅中，而本書就是以這個觀點切入，剖析各種自然材料用於現代住宅的優勢、缺點，還加入了保溫、斷熱、調溼等實用功能的評比，讓我們知道：自然素材其實也有潛力和條件融入現代住居。

有些屋主嚮往自然材料，卻不清楚自己到底適不適合與自然材料共處：喜歡木頭質感的桌面，卻不允許桌面有一絲刮痕；喜歡土壤質感的牆面，卻要牆面有光滑觸感。對此，這本書也提供了細心的心理評比，幫助讀者了解自然材質到底跟自己有沒有緣分。

這本書是認識自然材料的入門書，同時也是可查詢各項自然材料的實用工具書，不論對設計師、還是對屋主而言，都非常推薦！

林黛羚

家生活的研究者、《後半輩子最想住的家》等居家生活作家

近來，戶外空氣品質因PM2.5懸浮微粒濃度問題而倍受關注。但事實上，一天24小時中，我們待在室內環境中的時間更長。而許多「病態建築症候群」的真實案例已告訴我們：室內所使用的建材，尤其許多是看不見、但存在空氣中的物質，無形中都會透過一呼一吸，影響我們的身體健康。

民國101年正式上路的「室內空氣品質管理法」，已針對公共場所內空氣品質加以規範，要求室內環境二氧化碳、懸浮微粒、甲醛等空氣汙染源必須符合空品法。而我們若能在進行室內設計裝修前，透過本書了解相關的正確知識，做好「預防設計」、避免讓房子生病，就能建立健康的生活模式，遠離「病態建築症候群」，讓我們住得更放心、安心、健康有保障。

莊燈泰

社團法人臺灣病態建築診斷協會理事長

「自然建築」（Natural Building）的三個重心，分別為「自然材料」、「健康」及「環境」，即：取在地自然永續的資材，對身體健康、環境親和，減少能耗以兼顧經濟、環保。近十多年來台灣綠建築的發展非常蓬勃，可惜的是以企業產品導向的綠建築設計扭曲了綠建築真正的意義。因此，在台灣過度的綠建築設計潮流中，更亟須導入上述的觀念。

　　本書介紹了日本高緯度永續林木產業的自然建築，強調建築生命週期中當以無毒裝修、被動式設計、及使用綠能為主，讓讀者更進一步了解自然建築的真正內涵。儘管台灣林木產業發展條件、氣候及生活習性與日本有所差異，但他山之石皆可成為延伸思考、進行調整的基礎，因此，本書對於台灣住宅從業人士、及自力造屋興建的民眾而言，相當值得一讀。

劉志鵬

台灣減法綠建築發展協會理事長／建築師/台北科技大學建築博士

　　面對未來生態浩劫、及居住環境安全和健康等議題，如今世界各國紛紛積極擬定、推動政策，力求改善。而台灣歷經九二一大地震、八八風災等重大天災，釀成民眾生命財產鉅大損失後，不僅政府對建築技術等相關法規要求與時俱進，國人更多深切體認到維護居住安全、以及與大自然和諧共存的重要性。

　　為了追求「住」的安全和品質，當需對建築材料有更進一步地了解。綠建材以健康性、生態性、再利用、高機能的訴求，本著「人本健康、地球永續」的精神，可稱是提升台灣安全生活環境的重要力量。而本書正可做為讀者認識宜居的天然建築材料的入門管道，其內容輕鬆易懂、饒富生趣，即便初次接觸，也能有快速、有效掌握基礎知識概要，值得推薦分享。

羅志明

前台灣綠建材產業發展協會理事長

目錄

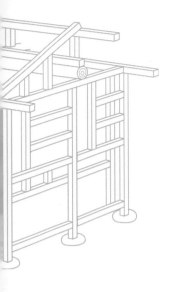

1 什麼是自然住宅   11

2 屬於自然材料的木材   39

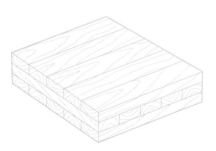

3 巧妙運用木材 71

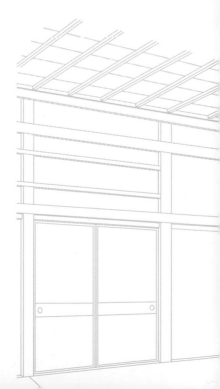

目錄

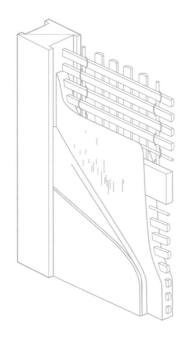

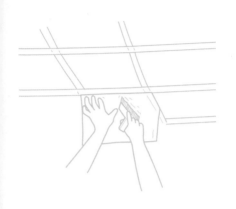

5 運用自然素材的裝潢材料 167

6 為自然住宅選擇隔熱材 199

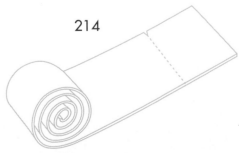

目錄

1

什麼是自然住宅

什麼是自然住宅

 Point 自然住宅使用「自然材料」，對「健康」及「環境」不造成負擔。

過去的建築全是自然住宅

提到「自然住宅」，人們腦海裡所浮現的會是何種形象呢？是夾頁廣告上可見到的，那種鋪上木地板、塗著硅藻土的房子嗎？

在昭和四〇年代（一九六〇年代）中期興建大量住宅的建商成為主流之前，日本的住家即是大量運用土、紙以及木材的自然住宅；也就是儘管小巧卻充滿家庭氣息、隔著窗便能感受四季更迭的住家。

最近，不只大型建設公司，連地區性的工程行都打著「自然住宅」、「自然派住宅」、抑或是「健康住宅」的口號大肆宣傳。但是，他們似乎鮮少定義：「什麼是自然住宅？」光是使用自然的材料，就可以稱做「自然住宅」了嗎？

自然住宅的定義

定義「自然住宅」的三個關鍵字，分別是「自然材料」（圖1）、「健康」（圖3）、及「環境」（圖2）。使用自然材料，對健康沒有負擔，且能與當地環境及地球共生的住宅，都屬於本書中所謂的「自然住宅」（圖4）。

居住在自然住宅的意義

在這些關鍵字當中，我認為「環境」尤其重要。舉例來說，在挑選地板木材時，你會選擇使用實木薄片與合板以接著劑膠合而成的木材、進口木材、還是國產木材（參照第58頁）呢？

若比較製作木板素材時所消耗的能源，合板比國產木材要高出約四倍；拆除房屋時，接著劑所逸散的廢氣也會對環境造成負擔。再者，從國外千里迢迢地運送進口木材，在這過程中所排放的二氧化碳更是使用國產木材的二十倍以上。因此，從環境的觀點來看，當然應該選擇國產的地板材。

在這個地球暖化的時代中，保護當地及地球的整體環境已然成為興建住家的準則之一。我期盼這類的自然住宅能夠慢慢增加。

〔落合伸光〕

■圖1 使用自然材料

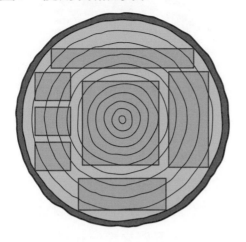

珍惜大自然的恩惠，
不浪費任何可用的素材

■圖2 對環境友善

也考量到拆除及廢棄時的狀況，
不製造對環境有害的廢棄物

■圖3 健康的生活

所有的家庭成員都能健康地和樂共處

■圖4 自然住宅的實例

● 優先使用國產材料
● 使用從生產、動工到拆除、廢棄，都不會
  對環境及人體造成負擔的建材
● 設計時考量日照遮蔽與通風路徑
● 活用太陽熱能與天然能源

地球環境與住家建築

 Point 人類是由衣服、住家、與地球上的空氣所層層守護著。

從建築生物學的觀點出發

在建造自己的家屋時，連地球環境也會考量到的人應該不多吧。一般來說，人們會想到的大概都是：為了美觀，客廳要黏上純白壁紙；廚房系統家具最好能採外國製的時髦器具等等。實際上，就連設計師與施工者在規劃施作上也很少顧慮到對整體環境的影響。

源自於德國的建築生物學（baubiologie），對於人、住家、與地球環境做出了明確的區別。根據建築生物學，我們的身體是第一層皮膚，衣服為第二層，如此延伸下去，住家則為第三層皮膚，同時也被視為是接收外來各種現象的門戶。接下來，裹覆在地球之上、維持著許多生命的空氣則是第四層皮膚（圖1）。因此，住家是守護人類健康及安全的空間，而室內空氣品質等也成為與我們最切身相關的環境保護對象。這項學說也指出，覆蓋一切、美得無與倫比的地球環境，更是人們應該悉心呵護的（圖2）。

健全的住家建築

相對於理論，實際狀況又是如何呢？其一，取自石化原料的建材，成為誘發「病態建築症候群」的主因；其二，從興建、成為日常家居生活場所、直到拆除廢棄，住宅在其生命循環過程中還會排放大量的二氧化碳。要說住宅的「一生」無時無刻都對地球整體造成了負擔，大概也不為過吧。

正因如此，我認為興建住宅時，結構上與其使用鋼骨，不如選用木材；窗框部分與其使用鋁製品，不如選用木製品。

同樣地，家電用品也以節能製品為佳。但是，因頻繁使用冷暖氣、或使用電視等新機型愈做愈大的電器所增加的二氧化碳排放量，是即便省能也無法抵銷的。以減輕環境負擔為主的生活型態，將是未來的趨勢。

為日漸崩壞的地球環境找回平衡，並打造健康舒適的居家空間，不僅是當今的屋主、設計師與施工者的一大課題，更是共同的責任。　　　　〔落合伸光〕

■ 圖1　皮膜的延伸

第一層皮膚是身體，第二層皮膚是衣物，從而延伸至第三層皮膚的住家，包裹著地球的空氣則是第四層皮膚。而第三層皮膚的住家，是我們追求兼顧較佳生活機能、與較少能源消耗的場域。
（前橋工業大學　石川研究室）

■ 圖2　從人類的皮膚到地球環境

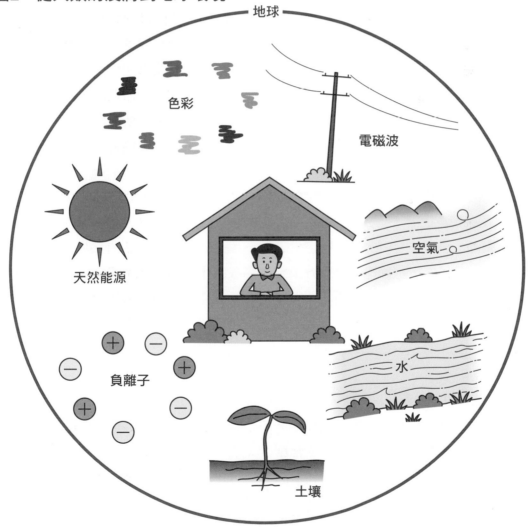

建築生物學以科學方式探究人類本性與氣候風土，考量到健康與環境，
將充滿人情味的「巢穴」視為是打造住家的目標。

15

003

病態建築症候群與
自然住宅

 Point 慎選素材、保持通風是因應病態建築症候群的要點。

何謂病態建築症候群

九〇年代中期開始，人們開始正視病態建築症候群這個問題。化學物質過敏症是指人體對暴露在空氣中的化學物質產生異常反應，進而引發不適症狀。其中，又將「家中空氣品質含有誘發過敏的化學物質」這一類狀況特別區分出來，稱為「病態建築症候群」（圖1）。

令人困擾的是，無法確定造成過敏反應的究竟是潛藏在室內的何種特定化學物質，從而難以確定可因應的治療方法。所謂最好的療法是「隔離治療法」，也就是遠離過敏原的化學物質，搬移至別處居住。

是自然住宅就能安心了嗎？

在日本，如果是戰前那種通風良好、新鮮空氣流通不息的住家，應該就不會發生這種問題了吧。但是，現今所謂的自然住宅，依然具備某種程度的氣密性。因此，雖說是以自然素材蓋成的房子，仍無

法完全令人安心。以下是需要注意的幾點（圖2）：

‧興建時盡量採用自然材料
‧避免使用含有有機溶劑的接著劑與塗料、以及含有揮發性有機化合物（VOC）的防蟻與防腐劑
‧每2小時開啟門窗通風一次

然而，要找到熟知以上原則的設計師與施工者，可不是件容易的事。所以，我建議委託專門經手自然住宅的建築業者，而不是一般坊間的業者。

另外，就算房子本身完全沒有問題，日常生活中，也需要多加注意對於人體健康與環境可能造成的影響。尤其是將新家具搬入新居時，特別需要注意合板及接著劑所散發出的溶劑類臭味。此外，是否將殺蟲劑及防蟲劑隨意擺放在屋內或家具中？是否在廚房裡任意使用清潔用品？而吸菸也會汙染室內的空氣，所以同樣需要避免。　〔落合伸光〕

■圖1 為什麼會造成病態建築症候群呢？

有機溶劑

接著劑

防腐劑

防蟻劑

現在的住家氣密性高，
有害氣體不易排出

覺得「身體哪裡不太舒服」的時候……

①新買的衣服、或是新家具聞起來是否有異味呢？

②通風還是非常重要的，全天候保持通風的狀態吧。

③別光依賴空氣清淨機！

④可嘗試「加熱除氣」：提高室內溫度，使臭味透過通風排至屋外。

■圖2 興建自然住宅時的注意事項

①多採用自然材料

②注意接著劑與塗料

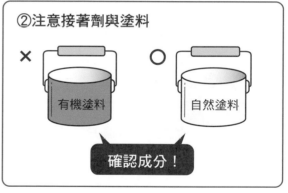

× 有機塗料　○ 自然塗料

確認成分！

③保持室內空氣流通

④委託熟悉自然住宅的設計師與施工者，或是請其協助

我們專門經手自然住宅！

004

自然住宅的優點

 Point 自然住宅不僅住起來舒適，更能讓人深感住宅本身對於當地及地球環境的貢獻與意義。

自然住宅的好處

　　大部分的屋主都十分滿意以土、紙、實木等自然材料做為內裝材料的完工樣態。主要也是因為，自然住宅居住起來極為舒適，而其背後的理由，大致上可分為兩點：

・**空氣品質良好**：誘發病態建築症候群的揮發性有機化合物（VOC）含量極低，自然感覺得到居住的舒適感。

・**不易因溼氣而產生牆壁內部結露**：自然素材本身就會呼吸，因此，儘管仍需要一定程度的隔熱及氣密性，但是由於不易結露，也不易發黴、或孳生塵蟎，可說是有益人體健康的住家。而且，就算夏天屋內的溼度偏高，也因為自然素材能調節溼氣，而不會讓人特別感到不舒服。比起溼度計上的數字，身體的清爽感受要來得更為直接。

使用自然材料的重要性

　　最重要的一點是，藉由打造自然住宅，我們或許能深感對於地球環境的貢獻。以自然住宅中使用最多的木材為例，它對環境便具有以下兩點正面意義：

・屬於為數稀少的可再生資源
・木材能夠吸取空氣中相當於本身一半重量的二氧化碳

　　計畫性的植林及開採，以及木材的活用，都是有助於對抗地球持續暖化的良方。木材可說是循環型社會中的主角（圖）。

對當地及地球環境的貢獻

　　選用、購買當地木材，比起需要經過長距離運送的進口木材，相對來說耗費的運輸能源極少，也符合「木材里程」（wood miles）這一項環境指標。

　　自然住宅除了住起來舒服，更能對當地及地球環境有所貢獻。我想，如果能讓更多人了解這層意義，自然住宅便可望成為廣大消費者心中的理想選項。

〔落合伸光〕

■圖　地球環境與住宅密切相關

生產　盡可能使用當地材料，就能降低消耗的運輸能源！

如果人人都使用當地木材，就不會開採失衡，山林也會更有活力！！

消費

使用國產、當地木材打造住家。

自然素材的住宅
朝向循環型社會邁進！

乾淨的空氣

純淨的土壤

清澈的水

廢棄

興建住家時，便預先考慮到拆除廢棄時的狀況而慎選材料！
因為建築物是「第三層皮膚」，所以更要選用本身會呼吸、未來能回歸大地的材料。

005

自然住宅的缺點

Point 自然住宅也有其不可避免的缺點。必須向屋主充分說明，取得其理解。

自然材料是有生命的生物

無論何種住宅，都不可能毫無缺點，讓人百分之百滿意。而大量採用自然材料的自然住宅，同樣也無法盡善盡美。

最主要的原因是，做為主要建材的木材是有生命的；木頭和鳥類與動物相同，都是在大自然生態中生長茁壯的生物。正因如此，所以常會有相異於工業製品的狀況發生。

主要的不滿

隨著自然住宅日漸受到矚目，對於相關施工的抱怨也愈來愈多。其中最常見的是，因地板材收縮而造成的縫隙、及踩起來會發出聲音（圖之①）。在牆壁部分，也同樣會因基底木板的收縮，使生態壁紙在黏合處發生破損或脫落（圖之③）。

另外，黏貼壁紙時所使用的接著劑，比起化學類的產品，沒有惱人臭味的澱粉類製品會是較佳的選擇。近來，市面上也出現愈來愈多使用起來更為方便的澱粉類產品。

但是，使用澱粉漿糊時也需要特別注意。例如，壁紙有可能因為塗上漿糊而被拉長；而且，因為漿糊所需的乾燥時間較長，壁紙交接處也容易產生滑動、剝落。

如何避免不滿

除了詢問屋主是因為哪些原因而中意自然住宅之外，也必須事先告知自然住宅可能出現的缺點。簽署類似於醫療行為前的「同意書」，也能避免日後可能引發的爭端。

如果屋主喜歡實木地板材料的柔軟觸感，那麼也必須告知在這項優點的背後，其實也附帶了容易受損的特性（圖之②），並事先獲得屋主的理解。在某些狀況下，甚至可能必須在合約書等文件上載明相關事項。

若是屋主無法忍受任何可能被當成是缺陷的部分，那麼，也就不必堅持完全使用自然材料，而是在說明的過程中，找出能滿足屋主需求的使用範圍。

〔落合伸光〕

■圖　對於自然住宅的主要不滿及其因應法

①地板材有縫隙／發出聲響

唧～

地板踩起來有聲音

事先說明自然材料的特性並取得屋主的理解

同意書很重要！

契約書

＋

必要的話也須在合約書上載明

②有損傷

因為材質柔軟所以容易受損

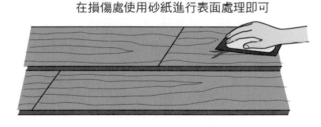

在損傷處使用砂紙進行表面處理即可

③紙質壁紙脫落

比起PVC壁紙＋科學膠，較容易脫落

壁紙脫落時，使用漿糊黏回牆面即可

澱粉漿糊

 注意　某些狀況下，根據屋主的需求，有時不必堅持完全使用自然材料。首要關鍵是找出能滿足屋主需求的使用範圍。

006

新式建材的爭議點

 Point 誕生於高度經濟成長期新式建材，加工容易且價格低廉，但對人體健康及環境的影響卻令人擔憂。

新式建材的由來

在日本，過去的住家大多以土、紙、木材為主要建材。然而在六〇年代的高度經濟成長期時，住宅需求大幅提高，大量供應成為迫切課題（圖2）。應運而生的，便是以木材及石化原料加工而成、能夠量產的新式建材。

建材要大量生產，須具備以下條件：除了價格低廉，規格統一，還必須是可塑性高、加工方便的素材（圖1）。以化學接著劑將木板一層層膠合而成的合板、從石油提煉而成的PVC壁紙，都是具代表性的例子。

因應時代需求而誕生的新式建材，確實解決了當時迫切需要大量住宅的問題。在那個年代，人人都夢想著擁有一個鋪著木質地板、貼上純白PVC壁紙、窗邊鑲著銀白鋁框的家。

最大問題是拆除廢棄時不易處理

對建材進行環境評估時，需要考慮到施工、使用期間、及拆除廢棄各階段的狀況。而以PVC壁紙為代表的新式建材，大多是由石化原料進行化學合成所製成，當中所含的致癌性物質也成為問題根源。

除了居住者以外，新式建材對於施工者的健康更有負面影響。以過去備受爭議的接著劑來說，曾有工地師傅在替換成刺激性較低的產品後、溼疹也跟著痊癒的例子。另外，像是漆上氨基甲酸乙酯塗料的木地板，以及黏貼在牆壁、天花板上的PVC壁紙，由於它們的素材既不透氣、也沒有調整溼度的性能，在施工時更應多加注意通風。

而新式建材最為麻煩棘手的問題，則出現在拆除廢棄時。因為新式建材多屬複合建材，很難一一拆解開來，在廢棄時會帶來許多問題。例如，合板上黏貼著實木薄片、並刷上有機化學塗料的地板材，燃燒時便有產生有毒氣體的疑慮。黏上PVC壁紙的石膏板也同樣無法焚化處理。究竟日本的管控型衛生掩埋場（參照第29頁）還可以使用多少年呢？而往後在改建整修時產生的大量營建廢棄物，難道就只能成為垃圾了嗎？　　　　〔落合伸光〕

■ 圖1　新式建材的優點

合板

PVC壁紙

● 能大量生產
● 規格統一，施作方便
● 價格便宜
● 可塑性高、加工容易
● 易於規格化

集合住宅・組合屋

新式建材的爭議點
施工、使用期間、及廢棄各個階段對健康及環境造成的問題堪慮。
解體廢棄後至最終處理過程大多不透明。

組合屋
可事先在工廠生產、加工建築元件，再到工地現場加以組裝的房屋。

■ 圖2　日本近代住宅的變遷

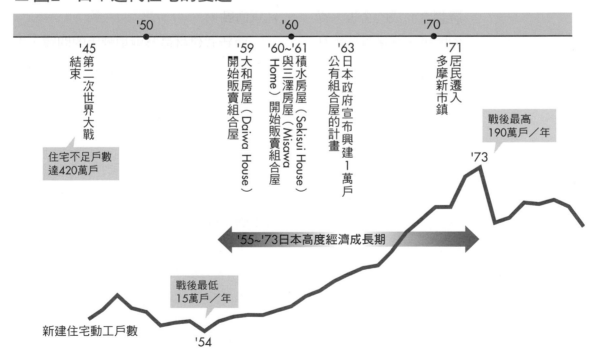

'50　　　　'60　　　　'70

'45
結束
第二次世界大戰

住宅不足戶數
達420萬戶

'59
開始販賣組合屋
大和房屋（Daiwa House）

'60~'61
與三澤房屋（Misawa Home）開始販賣組合屋
積水房屋（Sekisui House）

'63
公有組合屋的計畫
日本政府宣布興建1萬戶

'71
多摩新市鎮
居民遷入

戰後最高
190萬戶／年

'73

'55~'73日本高度經濟成長期

戰後最低
15萬戶／年

新建住宅動工戶數

'54

自然材料的定義

Point 自然材料取自大自然，經過最低程度的加工，且廢棄時易於處理。

定義混淆的用語

大約二十年前，媒體開始報導「病態建築症候群」的問題之後，「自然住宅」、「自然材料」就成為人人耳熟能詳的名詞。

但是，關於自然住宅及自然材料，其實並沒有明確的方針及定義。這些詞彙並不是艱澀的專有名詞，反而正因為淺顯易懂，以致人們很自然地就從字面上來理解它們的涵義。

自然材料的定義

· 取自大自然
· 除了「切割」、「削除」之外，不做多餘加工
· 將所有素材整合、製成材料時，使用最少的水與熱能
· 只需最低程度的處理即可丟棄（圖）

另外，選擇自然材料時，我認為還可參考以下兩點做為基準：
· 具合法性
· 耗費的運輸能源低（表）

由東南亞或中國進口的廉價建材原料中，有些也可能是違法進行開採的木材。再者，為了降低運輸時消耗的能源，最好盡可能使用國產的自然材料（表）。

過去的住家皆屬自然住宅

我出生時的住家是以木材為結構體，牆壁是編竹夾泥牆（內部具有竹片骨架的土牆），地板使用的則是柳杉及扁柏等板材，還有不少鋪著榻榻米的房間。屋頂以瓦片堆疊而成，外牆鋪的是柳杉板，外部的門窗材料也全都是木材。這些原料都是有機和無機素材，取自於循環不息的大自然，等到不再是住宅的一部分時，也能回歸大地。

當時，能夠使用的材料及品項變化不大，選擇建材時也有一定的限制；但是，以前的人倒頗能欣賞這些材料個別呈現出的、獨一無二的天然色澤及美感。而且，近年來令人日益感到困擾的、因住家環境而造成健康損害的狀況，過往也鮮少發生。 〔落合伸光〕

■ 圖　自然材料的定義

①取自大自然

②除了「切割」、「削除」之外，不做多餘加工

③將所有素材整合、製成材料時，使用最少的水與熱能

④只需最低程度的處理即可丟棄

也就是說，不做多餘的加工，盡可能發揮素材本身的優點！

■ 表　驚人的差距！住宅用木材運送途中所產生的CO_2（以日本為例）

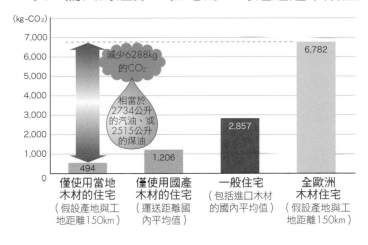

〈木造住宅（約38坪）的木材運送過程CO_2排放量〉

● 住宅的木材使用量根據（公益財團法人）日本住宅・木材技術中心《樑柱構架式工法木材使用量（平成13年[2001年]年度調查》

● 國內平均值、一般住宅、歐洲木材的木材里程CO_2根據木材里程研究會試算值《木材里程研究紀錄13（2006年）》

● 二氧化碳排放係數：汽油為2.3kg-CO_2，煤油為2.5kg-CO_2

● 住宅模型使用1985年社團法人日本建築學會（環境工程委員會熱能組）所提案之《住宅用標準問題（總建坪面積125.86 m²）》

〈日本新建木造住宅木材里程CO_2排放量〉

● 年度新建物造住宅落成樓板面積根據日本國土交通省《落成住宅統計（2006年度）》

● 住宅的木材使用量根據（公益財團法人）日本住宅・木材技術中心《樑柱構架式工法木材使用量（2001年度調查）》

● 一般住宅的木材里程CO_2根據木材里程研究會試算值《木材里程研究紀錄13（2006年）》

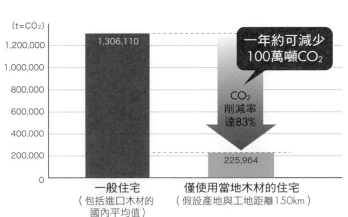

資料來源：木材里程研究會　http://woodmiles.net/032-yusou-enerugi.htm

008
仿冒的自然住宅

 Point 期望打造的並不是名目上的自然住宅,而是真正對地球環境友善的自然住宅。

號稱自然住宅的建物越來越多

九〇年代初期起,「自然住宅」與「生態住宅」這些名詞開始傳入人們耳中,最近更是經常出現在房屋的折頁廣告裡(圖1左)。

但是,真實狀況又是如何呢?實際來到工地現場一看,發現樑柱用的是集成材,隔熱材是塑膠類製品;即便如此,招牌上卻還是寫著「自然素材的家」。由於自然住宅的定義模擬兩可,所以只要建築業者堅稱是自然住宅,或許多半都能矇混過關吧。

在德國,有像是《生態測試雜誌(Öko-Test magazine)》等媒體,為了協助消費者在食衣住等日常生活上選擇健康、且對環境友善的產品,而提供專業的評鑑資訊(參照第207頁)。同樣地,我希望在日本也能有標明「建材的環保程度」、及「環境負擔程度」等評價的基準。

自然住宅的最低標準

對於一般消費者來說,判斷一間房子是否為自然住宅,是一件十分困難的事。以實木的地板材為例,「雖然是鄰近國家的進口木材,但是價格便宜,而且還是天然實木呢!」業者只要這麼說明,屋主應該就會欣然同意使用這種木材了吧。但是,問題其實就出在這裡。

首先,從鄰近國家進口木材,運輸過程中必然會排放出二氧化碳。

再者,這些地板材極可能是在東南亞非法開採而來的木材。更可能因為非法開採,對開採地的水土保持造成破壞,甚而牽動整個生態系。

面對這些可能對地球環境造成的負面影響,我們該抱持著何等看法呢?單就個別建材去討論是否合乎自然住宅的標準,當然是很重要的;但是,對於選擇自然住宅的人來說,我想是很難接受「獨善其身」這種想法的。所以,我認為應該以更為寬廣的胸懷,打造出不對整體地球環境及健康造成負擔的家,才能真正實踐自然住宅的概念。　　　〔落合伸光〕

■圖1 「自然住宅」的現況與啟蒙刊物

號稱自然住宅的不實廣告
許多關於「自然住宅」與「生態住宅」的傳單。
消費者通常很少對廣告內容產生質疑。

自然住宅與生態住宅的啟蒙刊物
對於九〇年代前期開始興起的自然住宅及生態住宅
風潮,具有啟蒙意義的書刊及雜誌。

■圖2 自然住宅的基準何在?

柳杉外牆,不鏽鋼的屋外排水管,屋頂是熱鍍鋅鋼
板。

樑、柱以柳杉呈現出露柱壁的形態。地板使用赤
松、地板底材使用礦物性黏土塗料。門窗為柳杉,
拉門部分使用手抄的小川和紙,榻榻米的草墊由無
農藥稻稈製成。

橡木地板,柳杉天花板,家具及收納部分使用實
木,壁紙使用月桃紙。

散發著日式風情的房間。柳杉牆壁,搭配手工和
紙,由屋主一家自建而成。

009

到底該堅持到什麼地步

Point 身為自然住宅的實踐者，選擇對環境及健康零負擔的建材是不可妥協的條件。

選擇建材時必須有所堅持

從前，我曾問過一位年輕的女性建築師：「選擇建材時，是否會考量建材本身造成環境負擔的程度呢？」只見她一臉詫異地回答：「我當然了解其必要性，但是預算有限，沒辦法考慮那麼周全。」

選擇建材時，一旦提及「什麼是重要的因素呢？」，話題總以「沒有預算」做結。但是，身為自然住宅的實踐者，選擇不對環境及健康造成負擔的建材，是絕對不可妥協的條件。

然而，可惜的是，在市面上現有的「自然住宅」裡，摻雜了一些根本稱不上是自然住宅的房屋。

問題何在？

我希望在興建住家的時候，能以地球整體做為考量的依據。在地球暖化、環境汙染等全球性社會問題一一浮上檯面的今日，住家應滿足的不再只是屋主等少數人的幸福而已。只要以這個角度來看，當然就不會選擇以非法開採的木材再行加工製成的地板材，也會避免選用排放出大量二氧化碳的進口木材。

目前，日本仍在營運的垃圾衛生掩埋場已經所剩不多了（圖1、表）。像是黏上PVC壁紙的石膏板等複合建材，往後將如何處理呢？面對如此現況，打造住宅的相關人士的想法，將會大大影響自然材料的選擇方式以及使用量吧。

選擇自然住宅建材的基準

· 選擇國產木材（集成材亦是）
· 使用天然類隔熱材（參照第6章）
· 選擇將來能再生利用、能源交換、及可燃的製品（圖2）

當然，在住家設備上難免或多或少會使用到塑膠製品。再者，預算考量雖然十分重要，但整體來說，仍應盡可能地使用自然材料。　　　　〔落合伸光〕

■圖1 營建廢棄物・再利用的流程

垃圾回收 → **以減量・減容為回收目的**
- 燃燒
- 粉碎、壓縮
- 分類→再生

➡ 最終掩埋場

➡ **進行資源回收處理**
- 洗淨、破碎、壓縮等

➡ 再生・再利用

> 已逼近使用年限！

■表 日本垃圾掩埋量的變化

年度	合計		總掩埋量（千噸／年）	最終掩埋場可使用容量（億立方公尺）	剩餘年限（年）
	掩埋場數量	掩埋容量（千立方公尺）			
昭和53年（1978年）	2,677	392,565	19,900	2.39	9.8
54	2,475	425,761	20,352	2.14	8.6
55	2,482	356,109	19,715	1.92	7.9
56	2,486	403,156	17,250	1.82	8.6
57	2,472	377,583	18,188	1.76	7.9
58	2,479	382,728	16,763	1.71	8.3
59	2,439	403,062	16,196	1.74	8.8
60	2,431	410,096	16,048	1.96	10.0
61	2,411	429,895	16,020	2.07	10.6
62	2,395	423,858	16,486	1.95	9.7
63	2,373	414,278	16,897	1.71	8.3
平成元年（1989年）	2,334	424,535	17,008	1.67	8.0
2	2,336	415,622	16,809	1.57	7.6
3	2,250	420,219	16,379	1.57	7.8
4	2,363	435,705	15,296	1.54	8.2
5	2,321	437,273	14,959	1.49	8.1
6	2,392	458,032	14,142	1.51	8.7
7	2,361	462,636	13,602	1.42	8.5
8	2,388	477,017	13,093	1.59	9.9
9	2,266	492,341	12,008	1.72	11.7
10	2,128	493,501	11,350	1.78	12.8
11	2,065	501,168	10,869	1.72	12.9
12	2,077	471,719	10,514	1.65	12.8
13	2,059	468,702	9,949	1.60	13.2
14	2,047	469,400	9,030	1.53	13.8
15	2,039	471,943	8,452	1.45	14.0
16	2,009	449,493	8,093	1.38	14.0
17	1,847	449,611	7,332	1.33	14.8
18	1,853	457,217	6,809	1.30	15.6

> 昭和54年（1979年）總掩埋量達高峰

節錄自《平成21年度[2009年]環境統計集》

■圖2 興建住家時的基準

①使用天然類隔熱材
②選擇將來能再生利用、可燃的製品
③某種程度容許在住家設備上使用塑膠製品
（整體上還是要注意盡可能使用自然材料）

＋預算

010

節能的重要性

 Point 住宅在實際居住階段排放出最多的二氧化碳。為了有效節約能源，必須做好隔熱。

居家節能

聽到「節能」，一般人大多會直接聯想到節約使用冷暖氣時所消耗的能源吧（表①）。

根據調查指出，一間房子從興建到廢棄的過程中，排出的二氧化碳以實際居住時最多，比例上高達87％（表②）。因此，新世代的節能基準，即以減少居住時約20％的能源為目標。要如何在居住時保持舒適度、同時又能有效節能，不只是自然住宅，也是整體社會必須努力達成的目標。

為提高居家節能效果，需要積極規劃。我希望在日本至少能做到：根據次世代節能基準*來選擇隔熱材，透過Q值（熱損失係數）的計算確認素材的性能及消耗的能量（參照第204頁）。

當一棟房子擁有良好的隔熱性能，便能有效控制熱能的流動，提高居住舒適度。夏天，若透過竹簾、或綠色植物進行防曬遮光（圖），再注意通風的話，就會覺得很涼爽；冬天則可利用太陽能等天然能源製造熱水等，保持溫暖的室內環境。

能兼顧生活舒適度與節能效果的自然住宅，未來必然會帶來一股新的住宅風潮。

興建・拆除時的節能

但是，我們也不能忽略居住期以外消耗能源的狀況。若以住宅的生命循環來做全盤的考量，從建材生產、到施工製造、甚至拆除廢棄階段所耗費的能源都得列入規劃（表②）。

首先，在設計時應考慮住宅的結構體及隔熱材，例如木造房屋所耗費的能源比鋼筋混凝土、或鋼骨結構的房屋要低上許多（表③）。而且木材與自然材料屬於循環性建材，在廢棄後仍能回歸大地，繼續孕育下個世代的自然環境。從這個出發點來思考的話，使用自然材料的住家可說是有效節能的第一步。　　〔落合伸光〕

譯注：
*「次世代節能基準」是日本建設省在1999年頒布的節能基準辦法，規定住宅整體的隔熱性能，包含屋主在隔熱程度上的判斷與設計施工上的基準。

■ 表　建築物排出之 CO_2

①日本建築相關之 CO_2 排放比例（1990年）

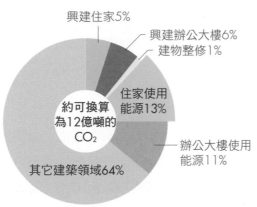

興建住家5%
興建辦公大樓6%
建物整修1%
住家使用能源13%
約可換算為12億噸的 CO_2
辦公大樓使用能源11%
其它建築領域64%

資料來源：日本建築學會

日本整體的 CO_2 排放量當中，住家使用能源占了13%，大多在使用冷暖氣、廚房衛浴等自來水加熱設備、家電產品等耗費能源時排出。

②住宅生命週期各階段之 CO_2 排放比例（1995年）

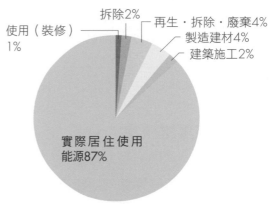

拆除2%
使用（裝修）1%
再生・拆除・廢棄4%
製造建材4%
建築施工2%
實際居住使用能源87%

資料來源：一般社團法人住宅生產團體連合會

在單一住宅生命週期當中所耗費的能源當中，施工階段所消耗的比例為6%（其中，製造建材4%，建築施工2%），實際居住階段則占87%。

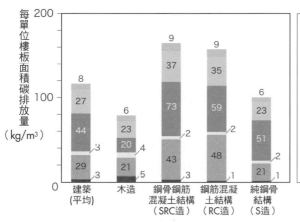

每單位樓板面積碳排放量（kg/m³）

建材類別：
其他建材
運輸
鐵
陶瓷器
水泥
砂石　石材
木材

建築（平均）：8 / 27 / 44 / 3 / 29 / 3
木造：6 / 23 / 20 / 4 / 21 / 5
鋼骨鋼筋混凝土結構（SRC造）：9 / 37 / 73 / 2 / 43 / 3
鋼筋混凝土結構（RC造）：9 / 35 / 59 / 2 / 48 / 1
純鋼骨結構（S造）：6 / 23 / 51 / 2 / 21 / 1

③各類型建築物在施工時所排放的 CO_2 量（ $1m^3$ ／單位樓板面積）

木造建築的樓板面積每 $1m^3$ 約排放80kg的 CO_2 ，其他結構的房屋為木造建築的1.5至2倍。

資料來源：《建築雜誌》VOL.108

■ 圖　夏日的綠葉垂簾

小學外牆有著由綠葉攀附而成的垂簾，利用植物表面的蒸發熱、以及防曬遮光的效果，抑制建築物的外牆溫度升高。這種借助大自然力量的巧妙設計，是人人都能嘗試的簡單方法，一家人也能享受一起動手的樂趣。

（照片提供：東京都板橋區立高島第五小學）

自然住宅與建築結構

Point 現行的主流建築工法，無法蓋出真正的自然住宅。

以構成的素材決定

建築結構可依結構、型態、力學、材料、工法、及目的等進行分類。當我們判斷某個結構是否為自然住宅時，是以使用的建築素材為依據，而非整體結構。和裝潢材同樣，當建築結構使用取自大地的自然素材，不需另外進行加工、或與化學建材接合，便符合自然住宅的概念。

鋼筋混凝土與鋼骨結構的住宅，由於原料加工時耗費的能源極大，所以先行屏除在自然住宅的範圍外（圖右側）。在這裡我們談論的是，原料加工時對環境負荷較小的木造結構。當然，前提是樑柱所使用的木材皆為實木，裝潢材等其他材料也必須是天然材料（圖左側下方）。

現行的主流工法蓋不出自然住宅

但是，現行常見的樑柱構架式工法又是如何呢？它雖然是興建住宅時最普遍的工法，但若是以集成材做為樑柱、以結構用合板等材料搭建承重牆的話，也很難稱其為自然住宅。而通稱為「2×4工法」

的框組壁工法，則因為在結構上必須使用結構用合板，也不能算是自然住宅。至於建築公司常採用的預製板工法（組合屋工法），由於少了合板及集成材就無法進行組裝工程，也不適合稱為自然住宅（圖右側）。

自然住宅的建築工法

在樑柱的接合處以木工製作的榫接結構進行接合，而不用釘子等零件固定，也就是所謂的傳統工法、或民家型工法，屬於自然住宅的結構工法裡最具代表性的一種（圖左側上方）。

蓋原木屋（Log House）時所使用的原木層疊式工法，由於使用的素材只經過最低限度的加工、接近原始狀態，而可納入自然住宅的範疇內。此外，近來使用稻（麥）稈建成的草磚房（Straw Bale House），或是稱為土牆建築的建築類型，也都是與自然住宅名實相符的工法（圖左側）。 〔落合伸光〕

■ 圖　可稱為自然住宅的建築物

自然住宅

● 傳統工法住宅
● 民家型工法住宅

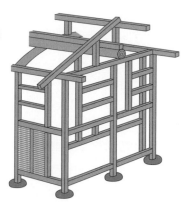

其他住宅

● 鋼筋混凝土結構住宅

● 鋼骨結構住宅

● 2×4工法（框組壁
　工法）住宅

● 原木層疊式工法

● 預製板工法（組合
　屋工法）

● 樑柱構架式工法
在結構材上運用集成
材，承重牆是使用結
構用合板，並與金屬
構件進行接合。

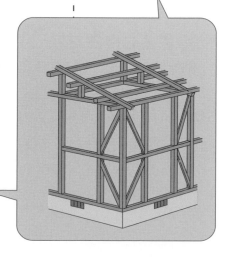

● 土牆建築

● 草磚房

● 樑柱構架式工法
在結構材及裝潢材上皆使用實木，
以榫接方式進行接合。

建築物的回收再利用

 Point 垃圾掩埋場的可使用年數愈來愈短。興建再利用率高的自然住宅，可減少廢棄物的產生。

可使用年數愈來愈短的垃圾掩埋場

在日本全部的事業廢棄物中，營建廢棄物約占二成（19%）。扣除可回收的廢棄物，最後送至掩埋場的數量也大概有二成（18%）是營建廢棄物。而在營建廢棄物中，送至最終掩埋場的約占9%（根據日本國土交通省《平成14年度〔2002年〕建設副產物實態調查》）。

另外，根據日本環境省在平成15年度（2003年）的調查，最終掩埋場的使用年限只剩下6.1年，連10年都不到。為了肩負起下個世代重責大任的子孫們，設計師與施工者有必要認真地思考如何減少營建廢棄物。

再利用率高的自然材料

混凝土塊與瀝青塊的再利用率高達99%。興建住家時經常使用的建築廢木材，其再利用率也高達90%。可是，以新型建材（建築混合物）為代表的複合資材、玻璃、磁磚、瓦片、金屬加工碎屑等材料的再利用率卻只有28%，比例偏低。

複合資材難以分離成單一資材，所以鮮少能回收再利用。就再利用率來說，以木材為首的自然材料顯得十分突出（表）。

使用自然材料的木造住宅，在建物的回收再利用上相對較為容易。只要在住宅整修翻新時，因應不同居住者的要求及用途進行調整，就能延續建築物的使用年限。

難以回收再利用的材料

石膏板雖然是一般經常使用的材料，但在回收再利用上卻十分困難。雖然新建房屋時剩餘的石膏板能夠回收再利用，但在廢棄處理時幾乎只能送至管控型垃圾掩埋場處理。過去，石膏板會被送往安定型掩埋場處理，但在其遇水分解出硫化氫的意外發生之後，已改運到管控型掩埋場處理（圖2）。

再者，儘管石膏板上頭黏貼的是德國製的生態壁紙，但是因為廢棄處理時很難將壁紙從石膏板上撕除，所以也只能將整個石膏板送往掩埋場。　　〔落合伸光〕

■ 表　營建廢棄物產生數量之推估

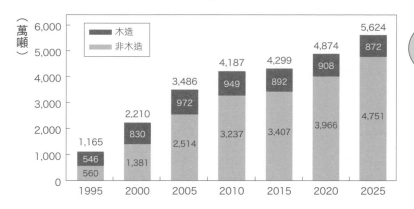

（萬噸）

- 木造
- 非木造

年	1995	2000	2005	2010	2015	2020	2025
木造	546	830	972	949	892	908	872
非木造	560	1,381	2,514	3,237	3,407	3,966	4,751
合計	1,165	2,210	3,486	4,187	4,299	4,874	5,624

> 隨著老舊建物拆除，預期今後廢棄物也將持續增加。

資料來源：建築回收法研究會（2002年）《建築回收法的解説》，依據日本建設省調查（以1都8縣為調查對象）

■ 圖1　建築物拆除現場

日本制訂建築回收法
平成12年（2000年）制訂建築回收法，規定分類清運與資源再利用等事項的義務化。

拆除工程為第一道程序
如果拆除工程能確實進行，其後的建築工事便得以順利展開，可說是非常重要的一個步驟。

■ 圖2　營建廢棄物的處理流程

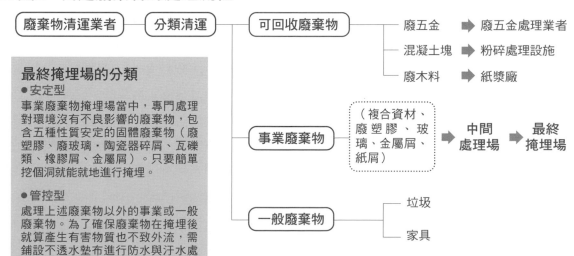

最終掩埋場的分類

● 安定型
事業廢棄物掩埋場當中，專門處理對環境沒有不良影響的廢棄物，包含五種性質安定的固體廢棄物（廢塑膠、廢玻璃・陶瓷器碎屑、瓦礫類、橡膠屑、金屬屑）。只要簡單挖個洞就能就地進行掩埋。

● 管控型
處理上述廢棄物以外的事業或一般廢棄物。為了確保廢棄物在掩埋後就算產生有害物質也不致外流，需鋪設不透水墊布進行防水與汙水處理，以免對環境造成不良影響。

廢棄物清運業者 → 分類清運 → 可回收廢棄物 → 廢五金 ➡ 廢五金處理業者
混凝土塊 ➡ 粉碎處理設施
廢木料 ➡ 紙漿廠

事業廢棄物 → （複合資材、廢塑膠、玻璃、金屬屑、紙屑）➡ 中間處理場 ➡ 最終掩埋場

一般廢棄物 → 垃圾
家具

013

考量 LCC 與 LCA

 Point LCC 是生命週期成本，LCA 是生命週期裡所使用的能源及二氧化碳的總量。

什麼是LCC（生命週期成本）

生命週期成本的英文為「life-cycle cost」，在住宅領域中，指的是從建築施工費用、居住時的電費瓦斯費及維修費用等、到最終階段的拆除廢棄，整個住宅生命週期中必須負擔的費用成本。生命週期成本能壓低到什麼程度，完全取決於新居建造時的設計內容，例如選擇的建材、節能程度的設定等都會影響往後的結果。

在住宅的生命週期成本當中，以居住時的成本占最大部分。即使施工費用再怎麼便宜，房子在有人進住時就得持續支出電費、瓦斯費，也難免經歷好幾次整修而產生修繕費，加總起來必然會使整體費用偏高（圖上方）。像是過去曾發生的石棉粉塵問題：石棉因其低廉便利的特性而被廣泛使用；然而，當人們發現吸入石棉對健康有害時，建商反倒為此付出極大的賠償費用。

什麼是LCA（生命週期評估）

生命週期評估的英文為「life-cycle assessment」，指的是某物件從生產、使用、直到廢棄的整個生命週期中，所消耗的資源、能源、及二氧化碳排放量的總和，是環境評估時所使用的一種方法。若比較不同材質的建材在製造時消耗的能源與二氧化碳排放量，比起鐵、鋁、塑膠等材質的建材，木質建材對環境造成的負擔明顯低上許多。就住宅的生命週期來看，與生命週期成本相同，也以居住時所耗費的能源量最多（圖下方），因此，必須考量住宅本身的節能功能。儘管是自然住宅，也必須依據現行的節能標準來確認熱損失的程度，並且測量隔熱功能與氣密程度。

降低生命週期成本與評估係數

居住者本身必須積極採取降低成本的措施。最近，雨水再利用、以及由綠色植物形成的防曬綠簾，已變成街上常見的風景。在設計及施工時，也必須考慮如何延長住宅的使用壽命，以避免明明才使用不久便得拆除變成垃圾的狀況。將來，如果能明確標示每項建材的生命週期成本及評估的相關係數，相信消費者也會選擇表現較優異的自然住宅。 〔落合伸光〕

■圖　住宅的生命週期成本與CO$_2$排放量

生產時

材料費、運送費、
人事費

施工費用

使用時

生活開銷的電費、
瓦斯費

料理　　　　家電

照明　　　　熱水

修繕費

廢棄時

拆除費

廢棄處理費

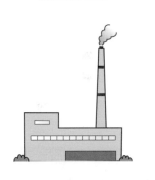

使用時費用負擔最大

LCC（生命週期成本）與CO$_2$排放量成正比！

●擬訂施工計畫時，將隔熱性能與氣密程度列入考量
●新建住宅時，選擇節能效果佳的建材

使用時的CO$_2$排放量所占的比例最高

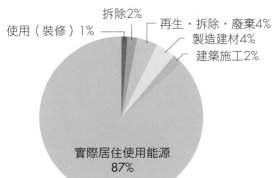

拆除2%
使用（裝修）1%
再生‧拆除‧廢棄4%
製造建材4%
建築施工2%

實際居住使用能源
87%

住宅生命週期各階段之CO$_2$排放
比例（1995年）

資料來源：一般社團法人住宅生產團體連合會

311東日本大地震 · 核災後的興建住家（為了使人更貼近居住環境）

　　核災後所興建的住家是否有所改變呢？在此便向各位介紹一個根據311大地震經驗所興建的住家實例。這棟名為「Bio cube」（生命之屋）的宅邸位於日本埼玉市，是一棟建坪27坪、狹小的2層樓住宅。其設計理念是源自於德國的「Baubiologie」（建築生物學），提倡將健康、居住者與環境的關係視為一個息息相關的整體。這棟住宅以「被動式節能設計」為基礎概念，注重通風及採光，並進行適當的隔熱、將熱能留在屋內，目標是要打造出「使用當地自然素材、耗費最低限度的居家能源、日後廢棄處理時不對環境造成負擔」的住家。並透過以下方法，例如：以接地線降低電磁波；除了冰箱等需全天候使用的設備外、將其他電源統一設於玄關以便關閉等，打造兼顧舒適生活與降低能源耗費的空間。今後，興建住家時屋主最在意的因素會是健康、環境、節能、及廢棄物處理。因此，必須興建的會是不過分裝飾，且同時考量居住者與環境、使兩者能相依共存的住家。

〔落合伸光〕

有效運用狹小空間的室內車庫。柳杉外牆透出的柔和光影溫婉地迎接著返家的人。

盡可能避免塑膠、鋁製窗框等在製造生產上對環境負擔大的大型物品。木窗為客製品。良好的通風及採光是被動式節能設計中不可或缺的要素。

有效率地將盥洗衛浴設備集中在一處，裝潢材使用自然素材，散發簡樸氣息。

二樓的客廳及餐廳與室外陽台貫通，形成寬敞的遊戲空間。

位置 埼玉縣埼玉市　設計 Bio · House · Japan 石川恒夫　施工 Eco · Mono · Farm
結構 · 規模 木造2層樓住宅　建地面積 59.62m²　總樓板面積 90.84 m²

2

屬於自然材料的
木材

令人驚嘆的木材

Point 木材不僅觸感佳、容易加工，也不會對環境與居住者造成負擔。

能實際體會的觸感

　　說到木材最令人驚嘆的優點，要算是它會隨著時節變化的觸感了。同一塊木板，夏季時吸飽了潮溼的空氣、摸起來卻仍然乾爽；冬季時則可令人感受到其他素材所沒有的溫潤感，這正是自然材料才擁有的表情。雖然材質本身略有起伏變化，但這些具體的變化正象徵著木材特有的優異性能。

　　以建築業者的角度來看，針葉樹、闊葉樹等琳瑯滿目的樹種，提供了廣泛多元的選擇，這點也是其迷人之處。特別值得一提的是，木材在加工上的便利性。木材的應用範圍可從結構材到裝潢材，如此全能的建材，除了木材以外大概也找不到其他材料了。

對環境極為友善的素材

　　從生產時的碳排放量及碳貯存量來看，住家建築對於地球暖化問題有著不小的影響。比較鋁製窗框及木製窗框的各項數值，在兩者具備同樣性能的條件下，鋁窗的碳排放量為97，木窗為2.8；鋁窗的碳貯存量為0，木窗則有5.6。而且，木窗從生產製造到實際使用的這段期間內，整體的碳貯存量遠高於碳排放量（表）。因此，木材製品可說是碳的貯存庫。

森林曾是人類的家

　　過去曾進行一項實驗，結果顯示：討厭扁柏香味的受驗者，即便面對扁柏製成的牆面，也不會導致血壓上揚、心跳加快等在壓力下會出現的生理反應。由此可見，就算不喜歡木頭的味道，也不會造成生理上的不適（圖）。

　　人類在歷經與大自然共處的悠長歲月後，是否早已演化出如DNA般、喜愛木材的生理機能呢？畢竟，自誕生於森林以來，我們便始終享受著木材帶來的眾多好處。

〔落合伸光〕

■ 表　鋁製窗框與木製窗框的生態度比較

生產時消耗能源與碳排放量　（以1m²的窗框為對象）

	鋁製窗框	木製窗框
生產時消耗能量（MJ）	4,872	34.7
碳排放量（kg）	97	2.8
碳貯存量（kg）	0	5.6
實際碳貯存量（kg）	-97	2.8
碳排放量的差距（kg）	99.8	

（Buchanan, Andrew H：1990 ITEC／《環保素材之一的木材》有馬孝禮）

- 木製窗框的碳排放量約為鋁製窗框的1/30。
- 木材製成木製窗框後，在被使用的狀態下依舊貯存著5.6kg的碳。

> **MJ＝Megajoule 百萬焦耳**
>
> 焦耳為熱量的單位，在此取代常用的千卡。
> 1焦耳為將一個重100g的物品抬高1m所需要的能量。1MJ＝100萬焦耳。

■ 圖　木材與視覺刺激的關係

 實驗
- 請受驗者坐在扁柏牆壁與白色牆壁前
- 詢問受驗者對兩種牆面的喜好感受，將其分為「喜歡組」及「討厭組」
- 分別測量觀察兩組受驗者血壓的變化：
  血壓降低＝舒適、血壓升高＝不適

注視扁柏牆壁時

「喜歡組」的血壓明顯下降
「討厭組」的血壓沒有明顯變化

→儘管不喜歡也不會對人體造成壓力

注視白色牆壁時

「喜歡組」的血壓明顯下降
「討厭組」的血壓明顯上揚

→不舒服的感受使受驗者感到壓力

> - 注視扁柏牆壁時，就算與個人喜好不合，人體也不會感受到壓力
> - 人類的身體，其實與木材契合度極高

資料來源：《以科學探討木材與森林的美妙》宮崎良丈

015
國產木材與進口木材

Point 廉價的進口木材不免讓人對其生態度與品質產生疑慮。希望每個人都能多加關注國內的森林。

日本的林業現況

日本的森林覆蓋率為67%，是僅次於芬蘭、全球排名第二的森林大國。然而日本所消費的木製品、合板、及木漿等材料，產自國內的比例僅占19%，其餘超過80%皆仰賴國外進口。

該如何解讀這樣的現象呢？儘管占日本國內森林總面積四成的人工柳杉林與扁柏林等，已達到適合開採的樹齡，但是由於進口木材的供給量穩定、價格具競爭力，使得日本國產木材的需求不如預期。

進口木材的優點及缺點

進口木材最吸引人的一點在於價格低廉。此外，樹種豐富也可說是其優點。

但是，由於這些進口木材生長的氣候風土不同於日本，基本上使用前必須先經過防腐與防蟻處理，且運送過程中所耗費的石油量也極為驚人。而且，進口木材在入關檢驗時基於防疫的理由，必須以藥物進行煙燻消毒；雖然是為了防範可能的蟲害，但也可能對人體產生不良影響。

儘管如此，便宜的進口木材需求仍然很高。因此，日本國產木材無法提高生產量，國內林業依舊凋零不振，更使得荒廢的森林增加。結果更造成山林頹圮、林業從事人員不斷減少的惡性循懷。

到鄰近的山林走走吧

森林是建築材料的生產場所，同時也與我們的生活緊密相依。森林具有所謂的「公益機能」，也就是能儲存雨水，防止土壤流失與土石流的發生，更孕育著大自然中的許多生物（圖2），這些都是非常重要的貢獻。

在日本，我希望每個人都能到鄰近的山林參觀木材開採的過程。只要到山裡的木材加工廠走走，就能實際感受到現今日本山林的模樣（圖1）。我想，只要消費者及建築業者多加關注周遭的森林及林業，就能提高國產木材的需求。

〔落合伸光〕

■圖1 關注當地山林

參觀林木開採

只要消費者親近山林的機會增加,在地的山林也會慢慢找回活力。

山裡的木材加工廠

多多選擇當地木材,有效運用當地的木材加工廠。

■圖2 森林的公益機能

涵養水源
吸收雨水、並儲存於地層,
而後緩緩將其排出。

淨化空氣
吸收二氧化碳、貯存碳素,
同時提供氧氣。

保育動物
森林是野生動植物
的家園。

水土保持
落葉及樹枝能防止土壤
流失。樹木的根部能緊
抓土壤,抑制土石流。

休養生息
提供森林浴與環境教育
的好去處。

避免風沙
在海岸線沿岸種植防風
林,可防風固沙,守護
人們生活。

呀呵～

森林擁有涵養水源、保護環境的公益機能。

016 日本的林業現況

 Point 日本林業幾乎可自給自足,卻因為大量使用進口木材而造成國產木材※過剩。

日本森林的可能性

自然住宅的基本條件之一就是盡可能使用當地的木材,但是這個概念尚未深植在消費者與建築業者心中。不僅如此,實際上,一般人也很少有機會到鄰近的地區中親身接觸山林。

占據日本國土面積達67%的森林,從以前就一直是木造住宅的有力後盾。戰後復興期時住宅的需求大增,因而展開了針葉林的造林運動。人工栽植的結果,使得林地面積增加,也因為如此,現今日本各地普遍都可見到柳杉林。

雖然整體來說,日本的森林面積並沒有太大變動,但根據統計,木材的蓄積量每年約卻以8千萬m^3的速度持續增加中。也就是說,國內的林木幾乎未被開採。相較於此,近年日本國內對於木材的總需求量約為9千萬m^3。換句話說,日本國內森林的成長量,幾乎可滿足市場對木材的總需求量。而且,每年都還能持續進行森林資源的開採、利用。

日本森林的現狀

然而,很可惜的是,國產木材的使用量並不大。自從昭和39年(1964年)開放進口木材之後,國產木材就一直處於劣勢。國產木材的自給率只占兩成,其餘八成則完全仰賴進口(圖1下)。

戰後,政府曾花費鉅額的公共事業費及補助金來推動人造林工程,只是很遺憾地,這一批人造林並未受到妥善利用。大部分已屆砍伐期的柳杉林,因為市場需求低,未受到應有維護及適當伐採,而遭受棄置的命運。

而且,對於國產木材需求最大的傳統工法,也因日本現行建築基準法的規定相當嚴格,在建造施工上有其困難度。

國產木材在使用上,因為成本略高和乾燥方法等問題,仍有許多課題需要解決。現在,正是當地的消費者、工程行與木材加工廠等建築相關業者,需要針對木材的銷售通路、與森林的未來共同探討的時刻(圖2)。 〔落合伸光〕

※編按:本篇中提到的「國產木材」皆為「日本國產木材」。

■ 圖1　開放木材進口導致日本林業衰退

40坪木造住宅・不同木材產地的木材里程CO₂排放量之比較

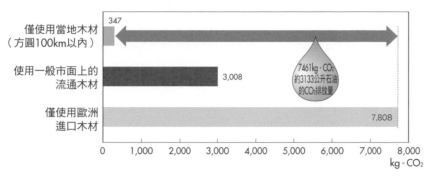

僅使用當地木材
（方圓100km以內）　347

使用一般市面上的
流通木材　3,008

僅使用歐洲
進口木材　7,808

7461kg·CO₂
約3133公升石油
的CO₂排放量

0　1,000　2,000　3,000　4,000　5,000　6,000　7,000　8,000
kg·CO₂

資料來源：木材里程研究會　http://woodmiles.net/032-yusou-enerugi.htm

以40坪木造住宅所使用木材在運送銷售過程中產生的CO₂排放量來看，「僅使用歐洲進口木材」的排放量為「僅使用當地木材」的22倍以上。其差距達7.4噸CO₂，約為一般家庭1年平均排放量的2倍。

日本森林的現況

昭和30年（1955年）時的木材自給率（使用國產木材的比例）高達九成以上，現在卻只有兩成多。隨著木材開放進口，可大量取得的便宜進口木材增加，導致國產木材的使用量急遽減少。

■ 圖2　一般木材的運送銷售通路

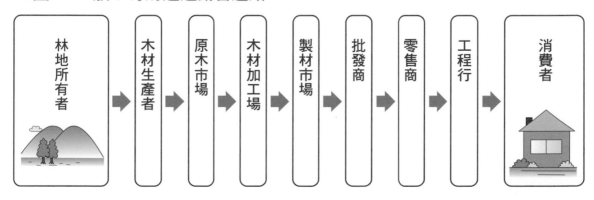

林地所有者　→　木材生產者　→　原木市場　→　木材加工場　→　製材市場　→　批發商　→　零售商　→　工程行　→　消費者

017
集成材·合板及接著劑

Point 雖然需注意接著劑的成分，但是能克服木材缺點的合板及集成材的確有其利用價值。

接著劑與病態建築症候群

　　集成材與合板所使用的接著劑大多會揮發出甲醛等化學物質。因此，了解接著劑的種類、及使用分量是十分重要的。

　　合板是由數張薄木片膠合而成，集成材則是由數枚厚度約5cm左右的角材膠合而成，兩者都必須使用大量的接著劑（圖1）。

主要的接著劑種類
①苯酚樹脂·間苯二酚類（甲醛類）接著劑

　　多用於結構用合板、LVL（單板層積材）等工程木材（Engineered Wood，結構用木質材料）。此類接著劑防水性強、十分耐用，可提供長期安定的黏著力，而且硬化後就不會對人體有不良影響（表）。

②水性異氰酸酯類（非甲醛類）接著劑

　　可用於裝修與結構材的膠合。近年來也大量使用在以結構用集成材膠合而成的柱子等材料上。由於其黏著性能在防火性與耐氣候性等方面不如間苯二酚類，所以不適合用於大面積結構材、與戶外的結構用集成材（表）。

　　異氰酸酯類接著劑是現行非福馬林類的接著劑中，性能最優異的一種。但是，由於仍屬近期開發的產品，是否具備長期使用的耐用性等，還有許多未知數。

合板·集成材的優點

　　在日本，隨著2003年實施的病態建築症候群規制法（改正建築基準法），與日本工業規格（JIS）、日本農林規格（JAS）的變更，依據合板與集成材的甲醛揮發量多寡，這些材料在室內裝潢等區域的使用面積也受到限制（圖2）。非福馬林類接著劑的比例也有所提高。

　　合板與集成材也有其優點，它們擁有均質的特性、尺寸精密度高，可改善木材在處理上較為棘手的缺點。並且，能毫不浪費地充分利用木頭原料、製成各式建材，就這點而言也可稱得上是環保素材。

〔落合伸光〕

■圖1　合板與集成材

合板

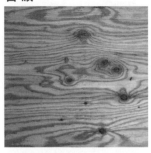

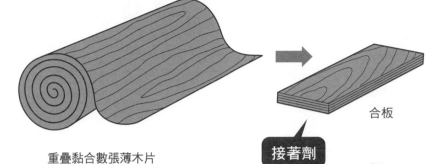

重疊黏合數張薄木片

接著劑

合板

集成材

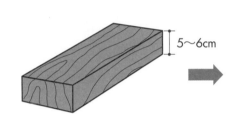

5～6cm

重疊黏合數枚角材

集成材

■表　用於木材主要的接著劑

接著劑	建材	優點	缺點
苯酚樹脂・間苯二酚樹脂類	●結構用合板 ●LVL（單板層積材） ●工程木材	耐水性、耐久性優異，提供長期安定的黏著力	原料裡含有甲醛（硬化後就不會產生問題）
水性異氰酸酯類	●結構用合板	非甲醛類接著劑	防火、耐火性能不如間苯二酚類接著劑

■圖2　使用大面積集成材的公共設施

集成材能組成具有弧度及大跨距結構，因此大量運用在公共設施上。

合板與集成材是基於充分利用資源、不浪費木材的概念所製成的建材。「適材適所」（將適當的木材用在適當的地方）地利用木材是相當重要的。

018

做為結構材的木材

 Point 為了減輕環境負擔，國產的實木材※是較佳的選擇。

結構材的種類

　　木材的結構材常使用在樑、柱等住宅的骨架上。材質上可分為實木與集成材，產地上又可分為國產木材與進口木材。

①國產實木材

　　扁柏、柳杉、羅漢柏、栗木等。

②進口實木材

　　花旗松、加州鐵杉、阿拉斯加扁柏、椴樹等。

③進口木材製成的集成材

　　美西側柏、加州鐵杉、雲杉、椴樹等。

④國產木材製成的集成材

　　柳杉、扁柏、日本落葉松等。

⑤不同樹種製成的集成材（混合集成材）

　　結構用集成材原則上多以單一樹種的角材製成（圖1），不過最近這幾年也開發出許多使用不同樹種的集成材。具代表性的例子是，外層使用容許彎曲應力大的花旗松、內層使用國產柳杉所製成的集成材（圖2）。

　　實木材會因乾燥不均而導致尺寸不一，無法完全保證品質；而這也正是尺寸精密度高的集成材受到廣泛利用的理由。

盡可能選擇國產木材

　　考慮到對環境造成的負擔，使用國產實木材是較佳的選擇。原因在於：進口木材在運送過程中會排放大量的二氧化碳，而集成材在製造過程中會消耗大量能源。此外，在選擇實木材時，也需要確認產地、木材加工廠、含水率、與彈性模數等條件。不過，就現況而言並不是每項建材必然都有完整的品質標示。

備受矚目的集成材

　　集成材是因尺寸上的高精密度而開始受到青睞、被廣泛使用；近年來，與五金構件結合的工法也日益普遍。

　　而且，大面積的集成材也能充分發揮其特性，運用在要求尺寸毫釐不差的部位，正可謂是「適材適所」的落實。

〔落合伸光〕

※編按：本篇中提到的「國產木材」皆為「日本國產木材」。

■圖1　集成材的製作過程

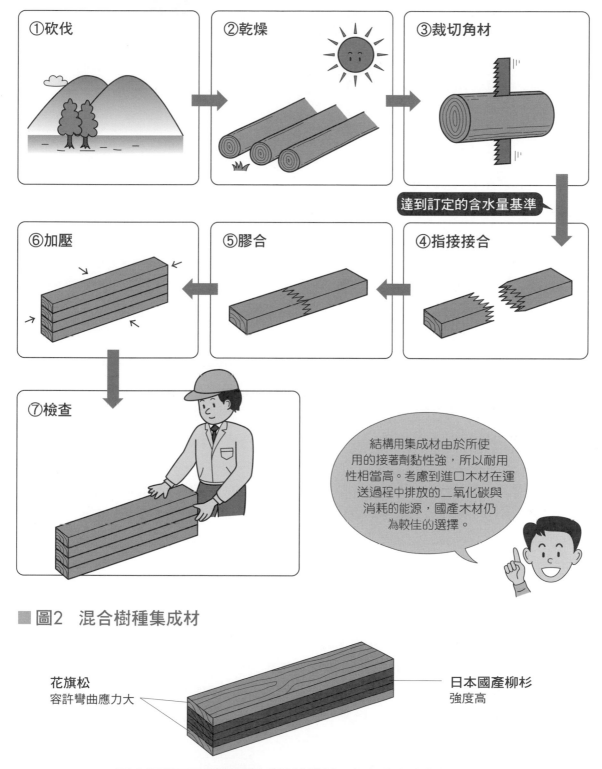

①砍伐

②乾燥

③裁切角材

達到訂定的含水量基準

⑥加壓

⑤膠合

④指接接合

⑦檢查

結構用集成材由於所使用的接著劑黏性強，所以耐用性相當高。考慮到進口木材在運送過程中排放的二氧化碳與消耗的能源，國產木材仍為較佳的選擇。

■圖2　混合樹種集成材

花旗松
容許彎曲應力大

日本國產柳杉
強度高

混合兩種不同的樹種製成的結構材，能保留各自的優點。

019
木材的樹種及特徵

Point 根據用途和預算，活用各有特色的日本國產木材。

使用在住宅上的日本樹種

①柳杉

北自青森、南達九州屋久島，分布範圍十分廣闊的柳杉（圖1），是日本具代表性的針葉林。柳杉一直以來都是主要的內裝材，但是近年來各項研究證實了柳杉具有一定的強度之後，也開始被當成結構材使用（圖2）。目前，日本全國各地的人工柳杉林已進入成熟期，產量也隨之增加。積極使用柳杉，也可達到適度保育、管理森林的目的。

②扁柏

從福島縣以南、到九州屋久島，都可見到扁柏的蹤影（圖1）。與柳杉同為代表性的針葉林，但成長速度較為緩慢，也因此價格高於柳杉。因強度優異，大多使用在柱子與地檻等結構材部位（圖2）。

③羅漢柏

分布範圍從北海道南部到九州，最知名的產地為青森與能登半島（圖1）。是屬於柏科的針葉樹，日文的正式名稱為「翌檜」。因為富含扁柏醇、具殺菌性，能有效防止白蟻蛀蝕，同時耐水性也高。常用於地檻、廚房流理與衛浴設備等用水處（圖2）。

④松樹（赤松、日本落葉松、蝦夷松）

屬於松科的常綠喬木。赤松與落葉松主要用於內裝材（圖2），蝦夷松則當成內裝材與基底材等來使用。

⑤花柏

屬於常綠喬木，以本州中部地方為中心，分布於岩手縣到九州一帶（圖1）。因為其耐水性高，所以常用於地板或浴室牆壁等處（圖2）。

⑥栗木

屬於闊葉樹，分布範圍北自北海道西南部、南達九州（圖1）。具有不怕白蟻與木材腐蝕菌的特性，是地檻最佳的材料（圖2）。因為價格高昂，近年來較少被使用。

⑦欅木

屬於闊葉樹，分布範圍北自青森縣、南達九州。長久以來都被當成結構材使用（圖2），但是目前由於產量稀少，所以價格較為昂貴。　　　　〔落合伸光〕

■圖1 代表樹種及其產地

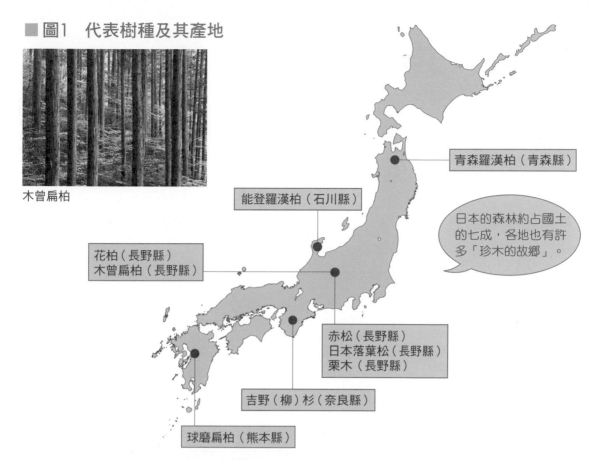

木曾扁柏

青森羅漢柏（青森縣）

能登羅漢柏（石川縣）

花柏（長野縣）
木曾扁柏（長野縣）

赤松（長野縣）
日本落葉松（長野縣）
栗木（長野縣）

吉野（柳）杉（奈良縣）

球磨扁柏（熊本縣）

日本的森林約占國土的七成，各地也有許多「珍木的故鄉」。

■圖2 代表樹種及其適合的使用位置

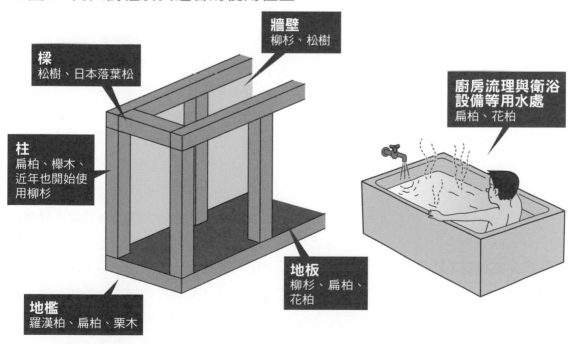

牆壁
柳杉、松樹

樑
松樹、日本落葉松

柱
扁柏、櫸木、
近年也開始使
用柳杉

**廚房流理與衛浴
設備等用水處**
扁柏、花柏

地板
柳杉、扁柏、
花柏

地檻
羅漢柏、扁柏、栗木

020

木材的乾燥

Point 儘管天然乾燥與葉枯法較為理想，但人工乾燥的實用性較高。

木材裡含有的水分

含水率指的是木材中含有水分的比重。一般而言，剛伐採完的生材含水率可達30%以上，然而木材在此含水率下，幾乎毫無強度可言。

木材中的水分可分為兩種，即會隨著水分增減而連帶影響木材收縮的「吸著水」，與不會對木材收縮有任何影響的「自由水」。新伐木材含有許多自由水，這些自由水會在乾燥過程中蒸發散失；而後吸著水也會跟著減少，促使木材收縮。

將木材置於一定的溫度與溼度下，水分會自表面慢慢散失；反之，木材若過分乾燥，則會吸取水分。當木材中的水分不再吸收與散失，達到恆定狀態時，此時的含水率便稱為「平衡含水率」。在日本，木材的平衡含水率約為15%。木材的強度會在達到此安定狀態的過程中慢慢增加，但是也可能造成收縮、彎曲變形、甚至斷裂。

優劣參半的木材乾燥法

①天然乾燥

將實木堆疊於日照與通風良好的平地，使其自然乾燥（圖）。這個方法最能夠帶出木頭本身的自然色澤，但是需要花費1～2年的時間、及高額的費用（表）。

②人工乾燥

將木材送入乾燥窯內，以機器進行乾燥（圖）。有蒸氣、熱風、高週波等方式，所需時間約1～2週。這種乾燥法需要使用石油或電力做為燃料，所以會排出大量二氧化碳；而且，容易使木材失去原本色澤，強度也會降低（表）。另外，還有將剩餘木材原料當成生質燃料（biomass）使用的乾燥法。

③葉枯法

將新伐木材連枝帶葉地放置在空地上進行乾燥（圖）。一般來說，在這道工序後還需進行天然乾燥或人工乾燥，耗時又費力，而且很難找到適當的場地實施葉乾法。

木材的乾燥，對於木造住宅的業者來說是很困擾的問題。過去的木工師傅在蓋房子時，大多憑藉著長年積累的經驗及直覺來判斷木材的收縮程度。但是現今興建住宅時，不僅設計方式、工法及建材都與過去大不相同，更以追求效率為第一優先。且為了提高尺寸精確度，某種程度上也不得不選擇使用人工乾燥。

〔落合伸光〕

■圖　木材乾燥的流程

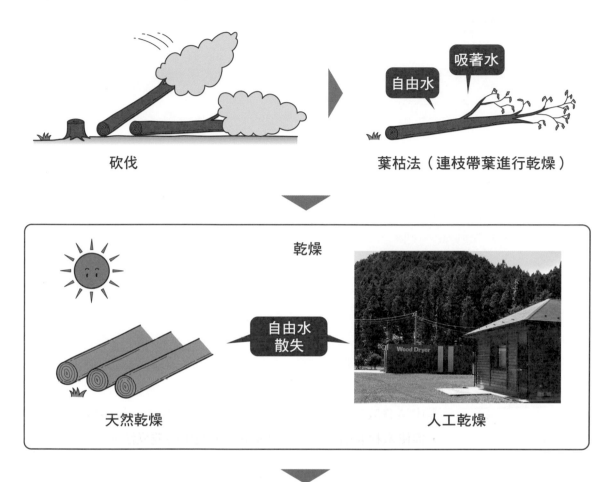

砍伐

葉枯法（連枝帶葉進行乾燥）

乾燥

天然乾燥

人工乾燥

製材

含水率15%

■表　木材乾燥法的種類與特徵

	概要	優點	缺點
天然乾燥	在日照與通風良好的地方進行	色澤好	需要花上 1～2 年，成本高
人工乾燥	放入機器中以蒸氣、熱風、高週波等方式進行	費時短	需使用大量的石油與電力，也會排出二氧化碳；木材色澤差

021

日本國產闊葉林的現狀

 Point 目前的日本森林包含了見到一絲曙光的人工針葉林，與仍然面對嚴峻考驗的天然闊葉林。

日本國產木材自給率的回升

日本國產木材自給率在昭和30年（1955年）時曾經高達94.5%，到了平成12年（2000年）卻滑落至19%（圖1）。其原因在於：進口木材的普及導致國產木材的需求下降（圖3），以及人們不再使用柴薪、木炭等必須依賴森林的燃料。也由於需求大幅下降，所以沒有足夠的資金投入山林整頓的工作，而且這種狀況已經持續了一段時間。

不過，日本國產木材的自給率在平成20年（2008年）時回升到24%（圖1），儘管相較於昭和30年（1955年）的水準，增加幅度並不大，但是這個成長趨勢在未來可望更加明顯。而其背後的原因，可列舉出兩點：

· **便宜的價格**：由於中國等新興國家的需求增大，導致國際原木市場價格飛漲；相較之下，日本國民反倒覺得購買國產材還比較划算。

· **國家政策的正面影響** ：「京都議定書」所擬訂的削減溫室效應氣體的目標為6%，其中由森林吸收的部分占了3.9%。因此，日本政府開始積極推動活用國產木材的政策（圖3）。

日本闊葉林的嚴峻現況

那麼，日本國產木材的生產與供給上揚，就能使林業復甦、山林恢復活力，同時達到保護環境的效果嗎？這樣的展望，可能並不同時適用於針葉樹與闊葉樹。

從以柳杉等針葉樹為主的人工林看來，的確看到了一絲曙光。這是由於人們將人工林定位為開發商業材料所需的樹林，並且有計畫地進行植林與開採（圖2）。

另一方面，幾乎由山毛櫸等闊葉樹所占據的天然林，目前仍然面臨著嚴峻的考驗。在日本的戰後復興期中，經濟效益不大的闊葉林近乎全數遭到砍伐，又因人們也不再到森林裡尋覓可做為燃料的柴薪、木炭，砍伐下來的林木就這麼棄置在原地（圖2）。不僅如此，近年來，酸雨、地球暖化造成的氣溫上升等現象，更是加劇了對山林環境的破壞（圖3）。

闊葉林約占日本森林的六成範圍。為了保育多元的森林生態，維護生物的多樣性，我們必須將保育養護的重心轉向闊葉樹。 〔落合伸光〕

■ 圖1　日本木材的供給量與自給率

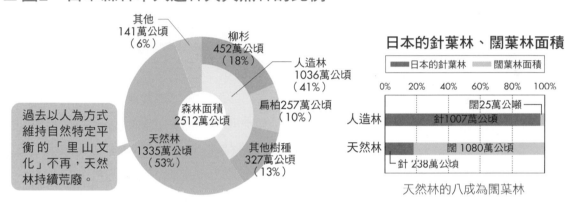

直到昭和30年（1955年），國產木材可說是獨占了日本國內市場。儘管之後自給率急速下降，但近幾年有緩慢回升的趨勢。

■ 圖2　日本森林中人造林與天然林的比例

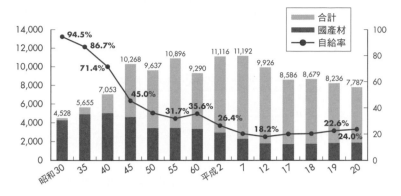

過去以人為方式維持自然特定平衡的「里山文化」不再，天然林持續荒廢。

日本的針葉林、闊葉林面積

天然林的八成為闊葉林

■ 圖3　日本山林的現況與未來趨勢

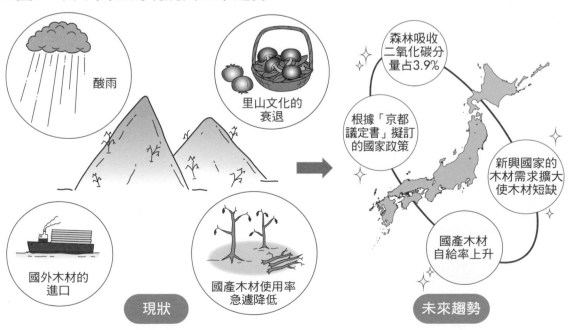

022
集成板

Point 集成板便於施工，能有效利用木材資源。分類上不屬於實木材。

集成板的三種類型

集成板是將經過充分乾燥的細木條等材料以接著劑膠合成形，再加工成平板狀的材料。不論是過於細窄的木板、或是有瑕疵的木材，都能製成集成板加以有效利用，並同時達到品質均一與量產的目的。

集成板主要可分成以下三種類型：

①接合型板材

是將細木條橫向膠合而成的板材（圖1之①），主要用在裝修材、家具材等內裝材。

②接合層積型板材

是將細木條橫向膠合成平板後，再將平板依木材纖維的交錯方向相互層疊、黏合而成的板材（圖1之②），多做為結構用板材、或是固定家具（參照第98頁）使用。

③集成接合型板材

是去除掉角料的瑕疵處後，先以「指接」的方法順著木材纖維方向膠合，再以接著劑橫向黏合成形狀如接合型板材般的板材（圖1之③），主要用於裝修材、或家具材。

從實木材的角度來看集成板

集成板不屬於實木材，而是屬於工程木材（於木材廠以各種方式加工製成的木材，大多是指使用接著劑製成的工業木材製品）。

另外，第②類的接合層積型板材與第③類的集成接合型板材，不僅接著劑的使用量增加，也需要大型的製作設備，生產時消耗的能源也相對較大。

與實木材最接近的接合型板材

最接近實木材的，要算是接合型板材了。不僅接著劑的使用量少，也只需要簡單的設備就能製成。過去的木工師傅多在工地現場以木工專用膠製作出框條、樓梯平台與踏板。

不過，接合型板材的缺點是木材本身仍具有吸收及發散的性能，因而容易出現變形與熱漲冷縮的現象，處理上比較棘手。反過來說，正是因為接著劑的使用量小，所以才依舊保有木材原本的特質。

〔大場隆博〕

■圖1　集成材的製作流程

①接合型板材

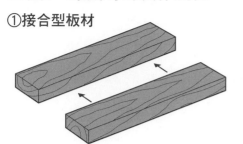

以接著劑膠合 →

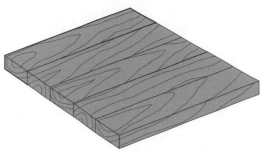

將木材依近心材面、近邊材面加以交錯排列，以接著劑進行橫向加壓膠合。

②接合層積型板材

以接著劑膠合 ↙

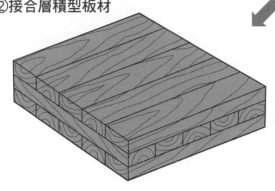

將3片接合型板材重疊後，進行加壓膠合。

③集成接合型板材

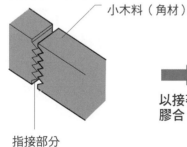

小木料（角材）

指接部分

以接著劑膠合 →

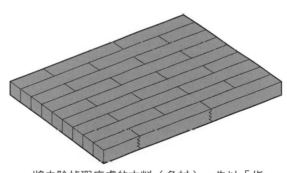

將去除掉瑕疵處的木料（角材），先以「指接」方式依長度方向進行膠合，再沿著寬度方向以接著劑黏合，製成平板。

■圖2　集成板的種類

柳杉　集成板
以指接方式製成的裝飾板，用於櫃檯與家具等。

扁柏　接合型板材（裝飾用）
用於廚房、固定家具等客製化的家具。

柳杉　接合型板材
1820 x 900 x 30mm
用於衣櫥或壁櫥的內側面板。

023

實木地板

 Point 實木地板雖然在生活上有許多好處，但也有容易彎曲變形的缺點。

什麼是實木地板

木地板可分為三種類型：

①複合式地板（海島型地板）

在合板或中密度纖維板等板材上，黏上由實木材刨削而成的薄木板（也稱做薄片），經重覆膠合製成（圖1右）。

②超耐磨地板

在合板或中密度纖維板等板材上，用接著劑黏上印有木紋的塑膠面材。

③單層地板

只具單一結構層的木地板材，其中也包括實木地板（圖1左）。即使是集成材等材質，只要結構層單一，也可算是單層地板。

實木地板指的是以實木材裁切而成的地板。若是在製造過程中，使用了防腐或防黴的化學藥劑、接著劑，或是在表面塗上化學塗料，就不能稱為自然材料。

調節溫度與隔熱等優點

依照樹種的不同，實木地板的性能也會有所差異，但是基本上皆能發揮木材本身的特性（圖2右）。

- **調節溼度**：能調節室內空氣中的水分多寡
- **吸收紫外線**：可減少紫外線反射
- **隔熱效果**：因為木材細胞中含有許多空氣，而具有隔熱效果
- **具有彈性**：能吸收衝擊力道

反翹等缺點

木材的缺點包含了：因熱漲冷縮而產生縫隙或反翹、容易受損、外觀上具有紋理或節眼、以及色澤不一致等（圖2左）。這些問題多少可透過氨基甲酸乙酯等化學塗料處理而獲得改善，但是這麼一來，就不能算是自然材料了。

了解實木地板特性，打造舒適生活

每一片實木地板都是獨一無二的。只要了解它的特性再行施工，就能克服實木的缺點，打造舒適生活。

〔大場隆博〕

■圖1　木地板的分類

單層地板

其魅力在於可充分玩味天然木材原有的美觀與質感，但也必須理解剝落與反翹是其難以避免的缺點。建議可於施工時塗上天然塗料，以有效發揮木材的優點。

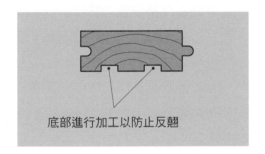

底部進行加工以防止反翹

複合式地板（海島型地板）

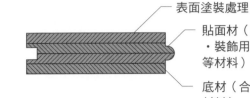

表面塗裝處理

貼面材（貼面・裝飾用單板等材料）

底材（合板等材料）

在合板等材料上黏上裝飾用單板的地板材。因為比較不會反翹或收縮，施工上比較簡單。因表面經過塗裝處理而較不易受損，但比起實木地板，較不具有木材的機能性與優點。

柳杉地板材的斷面。

■圖2　實木地板的優缺點

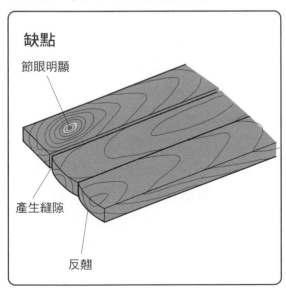

缺點

節眼明顯

產生縫隙

反翹

優點

① 調節溼度：完美調節空氣中的水分多寡
② 吸收紫外線的作用：木材不規則的紋理，能保護視力
③ 隔熱效果：冬暖夏涼
④ 具有彈性：具適當硬度，觸感溫潤柔和

024
空有其表的木材製品

仿冒的木材製品在市面上十分普遍。從耐用性與造成環境負擔的角度來看，都不如實木材。

重新正視木材文化與木造住宅

日本擁有獨特的「木材文化」，人們對於木材有一份濃厚的情懷。尤其近年來，就連年輕族群也為了親近木材迷人的溫潤感，而結伴探訪傳統的木造建築街區、或歷史悠久的傳統溫泉旅館。這些現象都說明了，大眾已重新正視木造建築的價值。

住宅裡充斥著仿冒木材

但是，在住宅的室內裝潢領域裡卻混入了許多由仿冒木材製成的廉價家具或部位。有一種仿冒木材的做法是，用相機照下木材紋理、並輸出、印製在紙張上，再將紙張貼於合板或中密度纖維板上（圖1）。其實只要仔細觀察，就會發現它不過是欺人耳目，因為這種材料的表面總會在一定間隔後出現重複的木紋。

而且，天花板或牆壁的石膏板，有時也會貼上印有木紋的PVC壁紙。

至於使用在地面上的木地板，原本理應使用實木材，卻常被仿冒品取而代之。到後來，使用實木時竟然還得在室內設計圖上特別強調是「實木地板」才行。

一般的合板木地板，是在合板的表面貼上一層薄薄的實木，所以外表看來很美觀，但是某種程度上可以說是空有其表（參照第59頁圖1右）。

再者，將數枚單板以接著劑膠合而成的合板木地板（圖3），若是鋪設在人來人往、頻繁踩踏的地方，表面經過磨損後，終究會剝落變白。像這樣的區域、以及其他溼氣聚集的處所，合板木地板在經年累月後品質會開始劣化，走在上頭會覺得地板凹陷失去彈性。當然，地板的劣化情況會因鋪設位置而有所不同，但是完工後大約經過十年，就會陸續出現這些狀況，不得不選擇替換地板。

不僅如此，即便是住宅外部散發著木材質感的材料，實際上也可能是以樹脂將木材粉末固化而成的製品（圖2）。這種材料既不會腐爛、維護也不費力，所以被大量使用，甚至號稱是可回收再利用的環保建材。但是，這種材料因為不是單純的木材，無法直接回歸大自然，因此在廢棄處理時仍會造成環境汙染。

〔大江忍〕

■圖1 使用攝影‧印刷技術的製品

① 使用相機照下木材紋理
照相技術的進步

② 輸出於紙張上
印刷技術的發達

③ 張貼於合板表面
有節眼的話看起來更像
真正的木材

④ 成品

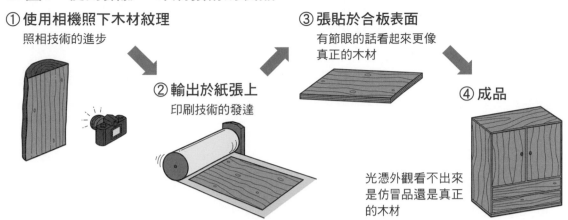

光憑外觀看不出來
是仿冒品還是真正
的木材

■圖2 以樹脂將木材粉末固化而成的製品

① 將木材進行粉碎處理

② 混合石油樹脂以固化

③ 在表面壓印上木紋

④ 成品

用途：戶外木平台等用於室外的材料

優點	缺點
● 不會腐爛	● 無法回歸大自然
● 品質很少劣化	● 無法回收再利用
	● 燃燒時有產生有害氣體的疑慮

■圖3 合板的製作方法

① 將圓木樹皮削成單板

② 將纖維方向以直交方式膠合

③ 滾壓

④ 成品

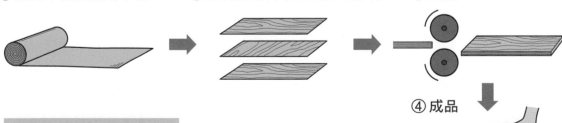

木地板

溼氣

● 將多片單板以直交（纖維方
向相互交錯）方式膠合，可
以抑制木材變形的現象
● 經過10～15年的負重後，木
板會失去彈性

地板下方溼度高的部
位，使用不久就會開
始出現損傷

025

不易燃燒的木材

Point 只要具備足夠厚度，木材就不易燃燒。在日本隨著相關法令的修訂，放鬆了木材在使用上的限制。

木材的防火性能

嚴格來說，不會燃燒的木材並不存在。但是現有的產品，可以拖延起火的時間，或是在火災受燃時於表面形成碳化層，延緩火勢擴大的時間（圖2）。

藥劑的使用

不易燃的木材，是將木材浸入等硼酸與硼砂等無機性藥劑製成的。基本上，在工廠經過藥物處理的木材製品可以經過驗證；但若是在工地現場搭建完成後、才於木材表面進行塗刷的話，則無法取得驗證。驗證種類分為「不燃材料」、「準不燃材料」、以及「難燃材料」。

在室內裝潢中，這一類材料通常會設置在廚房等會用到爐火的地方，特別是做為天花板或牆壁的材料。另外，為了在火災發生時有效拖延火勢開始蔓延的時間，也會使用在外牆、雨庇、窗框上。但是，這些材料由於經過藥劑處理而變得不易燃，若是在施工後還有剩餘材料，需視為不可燃廢棄物進行適當處理。

不使用藥劑的做法

之所以能不使用藥劑，那是因為善用

木材的特性，也可以設計出「可燃燒安全斷面」。木材燃燒到一定程度就會在表面形成碳化層，進而延緩材料繼續燃燒的時間（圖2）。所以，只要在內裝及外部材料上使用具一定厚度的木板，就能在火災發生時為人們多爭取到一些避難疏散的時間。

如果是鋼骨結構的建築物，由於鋼材燃燒後會熔解導致建物倒塌，因此消防人員在救災時往往不敢貿然進入。相對來說，傳統的土牆木造建築，火災時則不致馬上坍塌（圖3）。我建議在興建自然住宅時，可以考慮這種不用藥劑的做法。

木材的使用限制因法令修訂而鬆綁

日本於平成16年（2004年）通過相關法令的修訂，若是與土牆等具有防火構造的外牆合併使用的話，外部材料也能使用木材（圖3）。另外，在屋簷部分，只要屋面板尺寸達30mm以上、隔簷板達45mm以上、椽條也使用木材的話，就算位在準防火區域（參照第90頁）內，也能建造一棟擁有自然住宅外觀的建築物（圖1）。　　　　　　　　〔大江忍〕

■圖1　屋簷內側也可使用木椽條

準耐火構造45分
平成12年（2000年）日本建設省告示第1358號
（增修平成16年〔2004年〕日本國土交通部告示第789號）

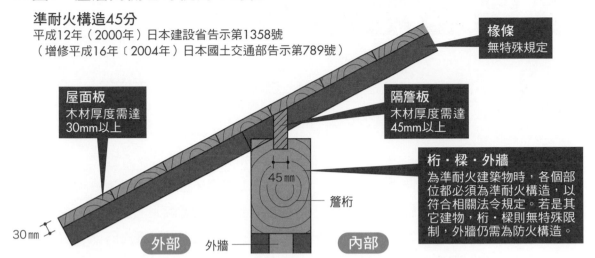

椽條
無特殊規定

屋面板
木材厚度需達
30mm以上

隔簷板
木材厚度需達
45mm以上

45mm

簷桁

桁・樑・外牆
為準耐火建築物時，各個部
位都必須為準耐火構造，以
符合相關法令規定。若是其
它建物，桁・樑則無特殊限
制，外牆仍需為防火構造。

30mm

外部　外牆　　**內部**

過去，在有延燒之虞的區域（建物1樓部分距離鄰地地界線3m以內，2樓部分
距離5m以內的區域）、以及準防火區域內，是不能使用木材的（參照第91
頁）。另外，也有準耐火構造60分（製材厚度需達60mm）的告示。

■圖2　可燃燒安全斷面設計

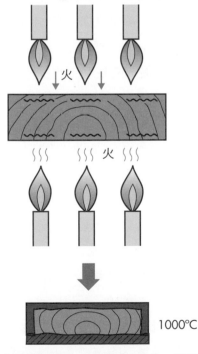

火

火

1000℃

木材在受燃時，表面會形成一層碳化
層，延緩燃燒至中心的時間。具有足
夠厚度的木板，在火災發生時可有效
爭取人員的疏散時間。

■圖3　防止延燒的土牆與木材

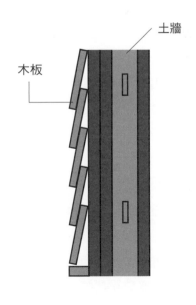

土牆

木板

土牆與厚實的木板能拖延受燃時間。

026

使用當地木材

Point 日本的森林失去適當的維護，森林的蓄水機能日漸低下。

森林的蓄水機能日漸低下

在日常生活中，我們幾乎很少想過空氣與水都是從哪裡來的。戰後，日本各地的山林頹圮，政府因而開始傾力投入柳杉的造林運動。那時甚至還向全國兒童教唱一首名為「小柳杉」的兒歌，歌詞這麼寫道：「為了大家，我會快快長大，好貢獻力量。」

六十多年過去了，日本山林因為當時的全國造林運動而繁盛茂密，從飛機上鳥瞰日本列島時，總讓人驚訝於日本是一個多麼綠意盎然的國家啊。

但是，當我們深入森林，才發現到：這些人造林其實並未得到適當的維護。森林的蓄水機能也因未實施間伐而日漸低下。

森林少了間伐作業，陽光便無法進入，造成底層的植物得不到養分，土壤也因此失去保水力而裸露流失。一旦遭受到亞熱帶氣候特有的豪雨侵襲，就會因土壤無法蓄存雨水而導致洪災（圖右側）。

為了森林與環境著想

調節森林的機能，使其回到適當的狀態，是眼前的當務之急。藉由合宜的管理重新整頓森林環境，並且使用木材來興建住宅，都能促使資金循環、再次投入於山林保育。

邁入九〇年代後，日本國產木材的價格持續下滑，如今甚至比進口木材還要來得便宜。這樣的現象，卻也導致日本林業凋零的惡性循環。此時，民眾更應該多多使用國產木材。畢竟，進口木材不僅可能是非法開採而來的木材，運送時還會排放出大量的二氧化碳。

希望各位能盡可能地使用鄰近山林的木材來興建住宅，因為如此一來，不僅有利於在地環境，也可確保由當地木材建成的住宅適合當地的風土氣候。

另外，值得注意的是，儘管使用了對環境友善的木材，但其中有不少仍是透過燃燒石油的方式進行人工乾燥，就這點看來，不免顯得本末倒置。但只要消費者選擇天然乾燥的木材，並以合理的價格購入，製材業者自然會積極儲存木材，而我們也就能取得良好的材料。　〔大江忍〕

■圖　間伐與洪災的相互關係

① 因陽光無法進入而缺少下層植被的人造林

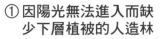

- 2500棵／公頃

第一次間伐

不進行間伐

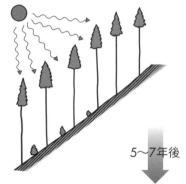

② 陽光灑落地表，孕育新生植物

- 1500棵／公頃

5～7年後

② 雨水直接沖刷土壤

- 雨水打在無植被的地表，造成土壤流失

③ 植物生成，使雨水不致直接沖刷地面

- 下層植被占地表80%
- 落葉能培育土壤

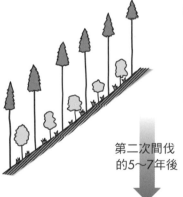

第二次間伐的5～7年後

不斷反覆

③ 砂土流失，樹根失去穩定性

- 無法形成綠色蓄水庫
- 颱風來襲造成樹木倒塌
- 砂土流失

④ 綠色蓄水庫

- 下層植被完全覆蓋地表
- 底層植物能孕育出具保水性的土壤
- 砂土不會流失

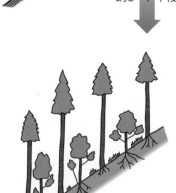

導致洪災

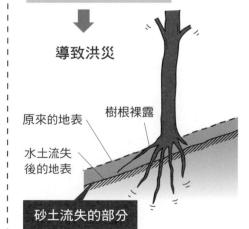

原來的地表　　　樹根裸露

水土流失後的地表

砂土流失的部分

1
2
3
4
5
6
7
屬於自然材料的木材

027

白蟻的防治對策

Point 需打造出使人能深入查看、定期巡視木材狀況的地板下方結構。

與白蟻共處的方式

雖然白蟻的棲息範圍廣布日本列島各地，但是隨著種類不同，生存場境也會有所差異，因此，關於白蟻的防治對策實在不能一概而論。

興建自然住宅時，白蟻的防治對策是十分關鍵的因素。如果未經思慮即採取錯誤的藥物噴灑方式（圖2），反倒失去了興建自然建築的意義。重要的是，也不必一味地厭惡白蟻。只要充分了解牠們的習性，日常生活中也勤於注意，就不會為此問題白花冤枉錢。

防治的重點

最大的重點在於，有無「使人能深入查看，定期巡視木材狀況的地板下方結構」（圖1）。絕對要避免密閉地板下方、或是在混凝土基礎的地樑上方鋪設隔熱材等。因為這些做法，就等同於特意為白蟻提供了可大舉入侵的最佳管道。

另外，很多人誤以為只要在基礎地樑與地檻間墊上橡膠、在地板下方鋪上木炭（圖3）、或是在地檻上漆上液態的木炭塗料，就能有效根除白蟻。這類錯誤的概念，反而會降低自然住宅原本應有的品質。

建築業者也常把「木材的防腐與白蟻的防治」畫上等號，誤認為只要採用同一種處理方式即可，但使用的方法總讓人哭笑不得。例如：不只土壤跟地板下方，就連牆壁跟天花板也噴上藥劑；甚至為了注入藥劑而特地將木材鑽孔。

近年來，隨著筏式基礎與系統浴室（一體成型的衛浴設備）的大量運用，白蟻的生存場域也有所改變。玄關附近的地面、以及與木材相連的部位遭到白蟻蛀蝕的狀況逐漸增加。即使是筏式基礎般的厚實混凝土，仍可在交接處、或從配管貫通處連接到自來水管等處的部位，發現到白蟻的延伸蟻道。無論如何，定期檢修是非常重要的。基本上，白蟻都是從土壤入侵，所以防堵可能的入侵路徑是最好的防治對策。　　　　　　　〔大江忍〕

■圖1 能深入查看的地板下方結構

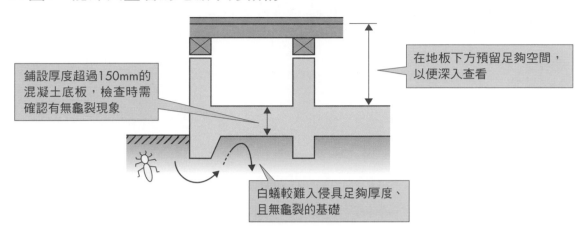

鋪設厚度超過150mm的混凝土底板，檢查時需確認有無龜裂現象

在地板下方預留足夠空間，以便深入查看

白蟻較難入侵具足夠厚度、且無龜裂的基礎

■圖2 噴灑藥劑可能引發病態建築症候群

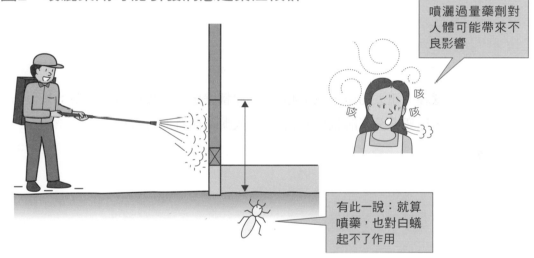

噴灑過量藥劑對人體可能帶來不良影響

咳咳咳

有此一說：就算噴藥，也對白蟻起不了作用

■圖3 白蟻與蟻道

木炭能驅離白蟻是錯誤觀念，白蟻反倒可能拿木炭的粉末來構築蟻道。

028

選用老木材

 Point 若想活用承載了歷史記憶的老木材，可以斟酌費用，選擇能重新利用的適當部位。

活用的意義與方式

老木材的回收再利用，不僅合乎環保概念，我們也能在此過程中學習愛物惜物的精神。另外，觀察傳統木材接合時所使用的材料，還可以汲取前人的智慧與技術，這也讓人興致盎然。倘若老木材是由祖先傳承下來的，那麼更能讓人了解家族的歷史。儘管老木材在新居裡呈現出不同的面貌，但其中所蘊含的，正是希望能藉此代代傳承下去的珍貴心意。

老木材的活用方法，會依樹種以及使用部位的不同而有所差異。竹子可以嵌入牆壁以製造花紋、或是做為裝飾貼條；木材只要沒有腐蝕、破損、或遭到蟲害，也能當成結構材使用（圖1）。而在茅草屋頂的民家裡、經爐火長年煙燻的竹子與木材，顏色會轉變為色澤豐潤的黑色或深褐色，也散發出獨特的美感。

樹種不同造成的差異

將老木材拆下來觀察的話，會發現松樹等類的木材多已彎曲變形，也有些已硬化到不經過裁切加工便無法使用的程度。畢竟，要是未在適當時期進行砍伐、或是遭到蟲害，木材強度減低的狀況就會很明顯。但須注意的是，一旦經過裁切加工，木材也可能會失去原先的風情。此外，有些老木材甚至已硬化到反而會傷及刀刃的程度。

就這點考量來說，扁柏的老木材本身不易腐朽，只要剝除一層表面，多半仍能呈現出原有的豐潤色澤。而本來用於和室裡的凹間或裝飾層架（參照第95頁）的櫸木板等，因為寬度充裕，方便當成櫃檯、玄關踏板、家具材、或和室中凹間的板材。柳杉的天花板材也可以改當成木質拉門的板材使用（圖2）。

可能花上高額費用

拆解老木材的費用，有時會比購買新材要來得昂貴，因此需加以留意。較划算的老木材，包括了：高價且珍貴的部位或樹種、欄間（參照第95頁）等處的木雕、或屋內的大黑柱（櫸木）等。

只不過，如果是極具紀念價值的物品，那麼費用的考量當然就在其次。總之，「是老木材所以一定便宜」的這種想法，在人力成本高昂的現代已不再適用了。

〔大江忍〕

■圖1　老木材的活用方式：樑

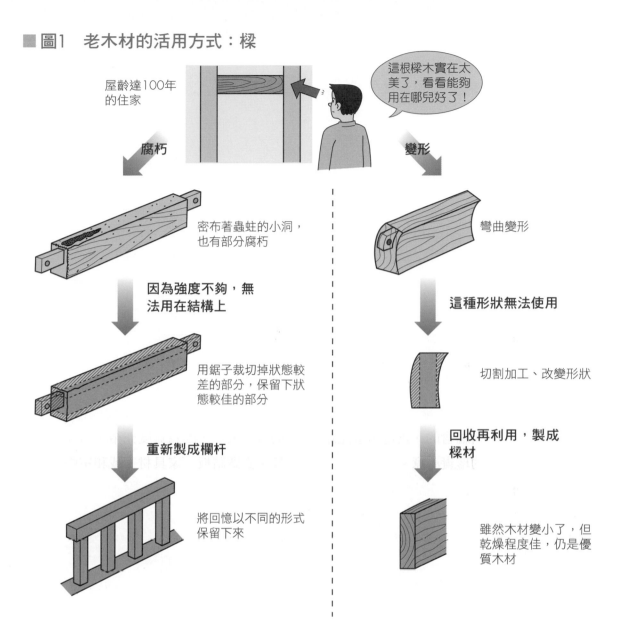

屋齡達100年的住家

這根樑木實在太美了，看看能夠用在哪兒好了！

腐朽

變形

密布著蟲蛀的小洞，也有部分腐朽

彎曲變形

因為強度不夠，無法用在結構上

這種形狀無法使用

用鋸子裁切掉狀態較差的部分，保留下狀態較佳的部分

切割加工、改變形狀

重新製成欄杆

回收再利用，製成樑材

將回憶以不同的形式保留下來

雖然木材變小了，但乾燥程度佳，仍是優質木材

■圖2　老木材的活用方式：天花板

令人讚嘆的實木天花板

回收再利用

將乾燥的木材變成優美的舞良戶*

譯注：
＊「舞良戶」是指將細竹框（稱為「舞良子」）以一定間隔排列、固定所製成的木板拉門。

為患有電磁波過敏症的屋主所設計的住家

　　本案屋主對於行動電話基地台的高週波會產生嚴重的身體不適，因此在反覆地嘗試與修正後，才完成了這個個案。計畫的第一步，就是先在福岡市的住宅區尋找電磁波微弱的建地。

　　由於一般以鋪設金屬膜或金屬網來引流電磁波的電磁波防護方法，仍會使人體感受到通過的電流；因此我們借助植物與土壤來屏蔽外來的電磁波，建造起編竹夾泥牆（具竹片骨架的土牆），並在其外部鋪設柳杉板。室內塗料則選擇了屋主身體感受最舒服的硅藻土，並在屋頂鋪入厚實的混麻羊毛隔熱材。

　　為了打造室內超低頻電磁波的環境，也使用不會發出電磁波的電線，並極力減少生活中消耗的電力。屋中雖未設置空調設備，但是夏天有經過綠化的土牆、與屋頂厚實的隔熱材料（左上圖），冬天則有可兼用木材與顆粒燃料的火爐（右下圖），一年四季居住起來皆十分舒適。

　　透過這些精心設計，屋主的電磁波過敏症狀總算減輕不少，似乎能安穩度日了。

〔江藤真理子〕

外觀 經過綠化的牆壁

講究質感的木製浴室

儲雨桶

廚房與起居室使用福岡縣產的柳杉

位置 福岡縣福岡市　　設計 空設計工房・江藤真理子　　施工 core 企畫

結構・規模 木造平房　　建地面積 113.02 m²　　總樓板面積 99.37 m²

3

巧妙運用木材

029

選擇良好結構材的方式

Point 選用當地木材時，以結構強度為首要條件。須留意影響木材強度的乾燥方式。

結構材的今昔

結構材使用一等材[1]，內裝材則使用上小節材[2]、或不具紋理等較美觀的木材。

選擇木材時，不少人往往會受限於木材本身的樣貌、年輪紋理、與乾燥狀況。但是，其實一直到二十多年前，木工師傅都是直接在工地現場判斷新材的特色與材質，然後就開始畫上墨線記號、進行施工。

如今壁紙已取代灰泥牆，隱柱壁成為主流，因此結構材也不再外露。再者，2×4等工法普及之後，結構材也多選用廉價的進口木材。

使用當地木材的困難點

當我們嘗試使用國產木材、特別是當地木材來興建建築時，會遇到以下的障礙。選用可從當地取得、樹種及尺寸皆有限的木材時，就設計施工而言，結構強度是第一考量，美感、設計則在其次。如果在具備結構強度之外，還要求兼具美感、色澤，那麼「僅限用當地材」的這項條件，就更提高了施工的門檻。儘管如此，興建自然住宅的業者，還是要以當地可取得的樹種（日本以針葉林為主）來進行設計，設計住宅時也應以既有的木材尺寸來進行結構上的規劃。

選擇乾燥方式

要確保結構材最重要的性質——強度，關鍵就在於乾燥方式（圖2）。比較理想的是天然乾燥（圖1）與低溫乾燥（以低溫進行的人工乾燥）。若是選用其他的乾燥方式，則可能因為過度乾燥而減損木材的強度。

一般常見的人工乾燥是高溫乾燥，雖然木材表面不會產生斷裂，但內部卻會產生明顯的乾裂（圖2之③）。甚至曾有過在破壞性實驗中失去支撐而倒坍的案例。

特別是當地木材，多半使用高溫乾燥，而這也是當地木材在使用上諸多不便的主要原因。　　　〔山田知平〕

譯注：
1. 這裡的「一等材」指的並不是強度上的分類，而是指有節眼、稍微有點彎曲但當成結構材使用也無妨的木材。
2. 「上小節材」是指有一個表面以上有節眼、節眼直徑小於10mm（生節以外的節眼則需小於5mm）、木材長度小於2公尺、且節眼少於4個（木頭橫切面長邊大於210mm）的木材。

■圖1　天然乾燥的木材

在「兵庫縣北播磨的山」中伐採、以葉枯法乾燥後，再行天然乾燥的羽柄材*（左）與結構材（右）。

■圖2　乾燥方式與強度

樑材抗彎性能概念圖

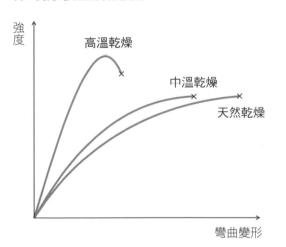

高溫乾燥的木材強度較高，但抗彎性能不佳，在試驗途中即斷裂。中溫乾燥與天然乾燥的木材結果類似，雖然強度略低，但具有可持續緩慢彎曲變形的特性。

①天然乾燥
木材表面產生裂縫。

②預裂處理
除了事先在木材表面裁切造成的裂縫之外，無其他裂痕產生。

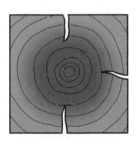

③高溫乾燥
表面雖然完整，但內部產生裂縫。

譯注：
＊「羽柄材」是指以圓木裁切製作樑柱等大型材料後的剩餘部分製成的小角材。

030
適材適所地選用結構材

 Point 所謂的適材適所，就是正確判斷木材的特性，並將它用在可發揮長處的合適部位。

什麼是適材適所

建築領域裡所說的適材適所，指的是正確判斷木材的特性，並將它用在可發揮長處的合適部位。傳統的建築方式，大多憑藉著前人的口頭傳授與自身累積的經驗來判斷、使用木材。木工師傅在找尋適當木材時，不僅是材種，還會將取材方式、材齡、彎曲程度、以及心材和邊材的比例等條件都一併列入考慮。

我們在這裡要談是一般普遍使用的材種，另外，希望還能對各地區特有木材使用的歷史稍做解釋。

適合各部位的木材

①柱子

需要選擇筆直、且強度足夠的木材。最具代表性的要屬扁柏，其他還有櫸木、羅漢柏、與柳杉等。大多選擇沒有腐朽、沒有太深傷痕、且保留年輪中心的木材。而為了避免木材在兼具修飾用的那側面產生裂痕，也可採取「預裂處理」的方法，事先在木材背面切出一道裂痕使壓力集中，避免其他側面產生開裂（參照第73頁圖2之②）。另外，也有未經預裂處理的裝飾用柱子，一般會使用樹徑寬大的木材，且在製材時避開年輪中心不用。

②地檻

是距離地面最近的部位，會受到雨水浸蝕。所以，選擇時偏好耐腐性高的扁柏、羅漢柏、與栗木，有些地區還會使用整株柳杉中最不怕腐朽的心材（圖1）。相同地，地板下方的格柵托樑也會使用保有年輪中心、不易腐朽的扁柏或柳杉。

③樑與桁（橫樑）

會使用松樹、扁柏、與柳杉。若是直接使用松樹圓木，組裝後會隨著乾燥而產生變形，在榫接部分形成縫隙（圖2上）。桁與橫架材則可依木紋進行判斷（參照第83頁圖1），當木材以垂直方向裁切時，放置方式為背部朝上、腹部朝下（圖2下）；以平行方向裁切時，則應預設使其向內側彎曲變形，對木材進行加工（圖2中）。

④椽條

會依屋簷延伸出去的長度決定木材的尺寸大小，大多使用扁柏與柳杉等筆直的木材。屋面板也大多以這兩種樹種為主。

〔大江忍〕

■圖1　耐腐性高的心材適合用於地檻

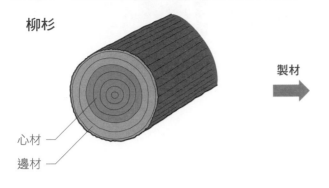

柳杉

心材

邊材

製材 →

地檻

- 使用多為心材的部分，可以提高耐腐朽的程度
- 使用栗木圓木進行製材時，也有刻意使邊材腐朽，僅僅使用剩餘心材的方式

■圖2　松樹製成的樑木

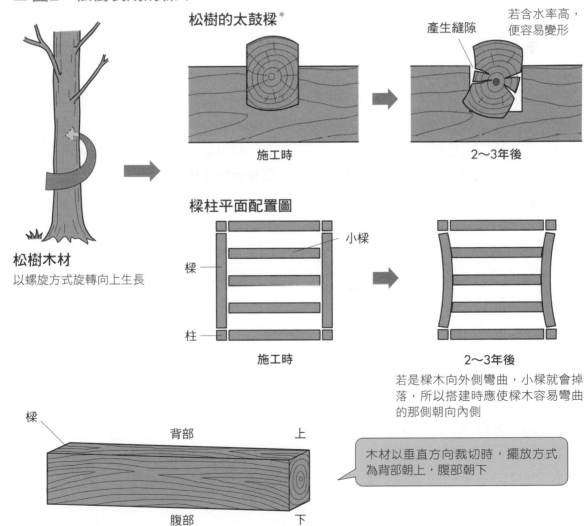

松樹的太鼓樑*

施工時

產生縫隙

若含水率高，便容易變形

2～3年後

松樹木材
以螺旋方式旋轉向上生長

樑柱平面配置圖

小樑

樑

柱

施工時

2～3年後

若是樑木向外側彎曲，小樑就會掉落，所以搭建時應使樑木容易彎曲的那側朝向內側

樑

背部　　　　　　上

腹部　　　　　　下

木材以垂直方向裁切時，擺放方式為背部朝上，腹部朝下

譯注：
＊「太鼓樑」是將圓木切掉兩側、橫切面看起來像太鼓形狀的樑材。

031
用圓木做為結構材

 Point 因為圓木取得不便，所以平常就要確保取得的管道。

取得圓木

用圓木製成樑、桁、脊桁、柱子等結構材，主要是基於設計上的理由（圖1）。

由於木材行幾乎很少擁有經過乾燥的長尺寸圓木庫存，所以從一般管道入手的機會非常低，這點得列入考量。所以，建議平時就要先與森林地主、木材加工廠、或林業公會等具有豐富庫存的單位或個人保持良好關係，如此一來才能確保取得的管道。對建築業者來說，公司本身就有圓木庫存也是一件好事。

特別是，有時也可以在林業公會、或木材加工廠找到當地松樹的太鼓材（參照第75頁圖2）庫存。雖然松樹表面可能因採伐時期的關係而出現發黴，但是這些單位大多會考量到採伐期來調整庫存，所以如果正確使用的話，不僅能取得適合的松樹材，更能促進森林的維護與再生。

取得當地的圓木

若是特別想要使用當地木材，也可根據設計圖決定所需的木材種類及數量之後再開始採伐。必須注意的是，這種方法在木材可供使用之前，必須耗費一段很長的時間。

而且，因為採伐前就必須先決定好使用的部位，所以有時在製材時無法顧及木材呈現的樣貌或缺點。當木材不適用於施工部位而得退換時，花費的時間成本也相當驚人，因此應事先向屋主與施工業者充分說明。

從畫上墨線到組裝木材為止

在圓木上畫上墨線並加以切割，是相當講究熟練度的事。而且由於圓木從畫上墨線、到實際上樑的這段期間內，仍會持續乾燥，因此容易產生尺寸不合的狀況。所以直到組裝完成前，必須經過好幾次的調整。

而木材組裝完成後，也還會因乾燥收縮而不斷出現變形。但透過搭接加工，榫接就能更加牢固穩定（圖2右下）。

將圓木用在橫架材上時，最好能先對圓木進行太鼓裁切的加工，這樣一來，畫墨線與組裝就會更加容易。

〔山田知平〕

■圖1 圓木的應用實例

當地松樹・柳杉圓木的樑構架
圓木樑木之間使用勾齒搭接（參照第81頁）。

舊民家 屋齡100年的屋架（兵庫縣篠山市）
將閣樓改建為兒童遊戲間。

■圖2 圓木的製材法

簷廊上方的挑簷桁
從簷桁上方凸出了數根樑木，其上又以圓木設置了挑簷桁。此挑簷桁支撐著屋頂的椽條。

挑簷桁的加工現場・全長16公尺的柳杉圓木
採伐後經過1年的自然乾燥後手工鋸切的圓木。

挑簷桁的搭接加工
在支撐著椽條的部分加工製成木栓。

032

露柱壁與隱柱壁的注意重點

 Point 露柱壁有很多需要考慮的事項。盡可能預留樑柱與牆壁交接處的段差。

施作隱柱壁的情況

因為隱柱壁的樑柱結構是不外露的，所以只要確保結構材的功能與品質，基本上就沒有問題了。但因為在牆面施作完工之後，就無從確認包覆在內部的結構，所以在上樑後最好立即仔細確認結構材的尺寸與配置方法。

施作露柱壁的情況

施作露柱壁時，有許多需要注意的事項（圖1）。例如，在設計時考量柱子的尺寸大小與呈現的美感、需不需要設置斜撐，灰泥牆在柱子與牆壁交接處必須預留多少段差等。

露柱壁的牆壁為土牆時，柱子表面與牆壁間的段差最好能預留約6～8分（18～24mm）。預留的段差愈大，就愈能襯托出整體的厚度。特別是在塗上土漿前，建議要預留8分（24mm）的段差（圖2）。

舉例來說，在施作土牆的前提下，若要在4寸柱（一邊為120mm）上放置45×90mm的交叉斜撐後，再抹上灰泥砂漿，頂多也只能留下8分左右的段差。

另外，使用灰泥、或京都出產的本聚樂土的土牆，也要盡可能預留較大的段差。同時，也必須顧及柱子尺寸與其他內裝材的協調感。但要是段差甚至不足6分（18mm），也可以評估採用裝飾柱的做法。

倘若內外牆皆為隱柱壁，架上45×90mm的交叉斜撐後，在4寸柱的規格下能保留的段差十分有限；但若是4.5×4寸（135×120mm）的柱子，內外牆就都能確保留有一定段差。至於以稍粗的5寸柱（一邊為150mm）施作的露柱壁，如果是在寺院般的場所，能夠襯托出整體宏大的氣勢；但若是在一般住家的起居空間，可能會過於龐大而顯得突兀。

另外，露柱壁上若併有橫木、裝飾用門楣（參照第95頁）、天花板材等修飾性的材料，選用材料時也要以柱子的等級為基準，以呈現協調感。

至於和室中的露柱壁，若是運用泥土與和紙來妝點牆面，人們將更能品味那自然天成的質樸美感。　　〔山田知平〕

■圖1 露柱壁的結構

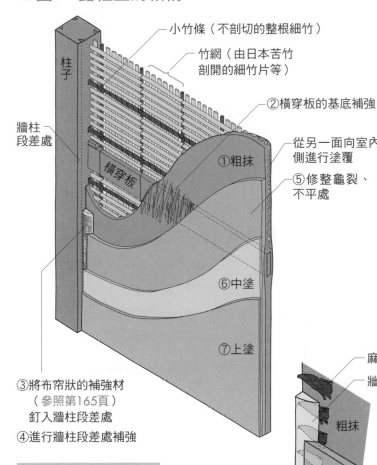

- 柱子
- 牆柱段差處
- 橫穿板
- 小竹條（不剖切的整根細竹）
- 竹網（由日本苦竹剖開的細竹片等）
- ②橫穿板的基底補強
- 從另一面向室內側進行塗覆
- ①粗抹
- ⑤修整龜裂、不平處
- ⑥中塗
- ⑦上塗
- ③將布帘狀的補強材（參照第165頁）釘入牆柱段差處
- ④進行牆柱段差處補強

細竹片＋橫穿板

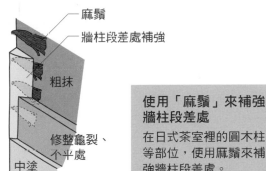

細竹片＋橫穿板＋斜撐

露柱壁的外牆
需要鋪設雨淋板，保護牆壁不受雨水沖刷。

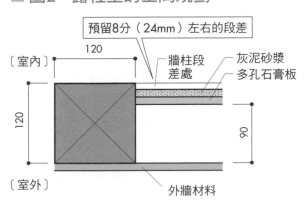

- 麻鬚
- 牆柱段差處補強
- 粗抹
- 修整龜裂、不平處
- 中塗

使用「麻鬚」來補強牆柱段差處
在日式茶室裡的圓木柱等部位，使用麻鬚來補強牆柱段差處。

■圖2 露柱壁的空間規劃

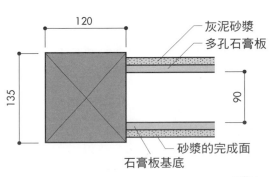

預留8分（24mm）左右的段差

〔室內〕
- 120
- 120
- 牆柱段差處
- 灰泥砂漿
- 多孔石膏板
- 90
〔室外〕
- 外牆材料

- 120
- 135
- 灰泥砂漿
- 多孔石膏板
- 90
- 砂漿的完成面
- 石膏板基底

單位：mm

033

突顯對接與搭接工法之美

Point 為了突顯對接與搭接工法的美感，不使用五金構件、或加以隱藏。

外露的結構

在樑柱外露的情況下，對接（將同一方向的木材進行接合）與搭接（將不同方向的木材進行接合）工法的呈現方式便成了重點。

雖然在樑柱構架式工法中，一般以五金構件進行接合；但在以實木材與自然材料打造而成的自然住宅裡，這些五金構件反而會破壞整體的美觀。

因此，應優先考慮的是傳統工法裡不使用五金構件的對接及搭接工法。雖然必須經過嚴密的結構計算與工程標準機關的檢驗，但對接與搭接這類不使用五金構件、猶如寄木細工*般的細膩手法，能提升整體空間的美感。

若是終究必須使用五金構件的部位，最好能將構件巧妙地隱藏起來。首先，在設計構想時就考量到完工後的外觀，以安排五金構件的配置，這點相當重要。另外，也可使用D型螺栓、內嵌金屬棒（以圓楔與岩栓組成，日文為「鬼に金棒」）等幾乎可隱藏於結構材中的五金構件。

種類多樣的搭接

長榫打入內栓是使用在地檻和柱子、樑與柱之間的搭接（圖1之①）。內栓的原料多來自於栗木等堅硬的木材。

施工時打入過度乾燥的內栓，而後木材會隨著溼度增加而膨脹，使接合部位更加緊密。若能稍微錯開地檻與長榫前端預備打入內栓的缺口，也能夠避免柱子浮起。

勾齒搭接是桁（橫樑）與屋架樑等重疊部分所使用的搭接（圖1之②）會在兩種木材彼此相交的地方進行加工、以便相互咬合，具有對抗水平拉力的作用。

具代表性的對接

追掛對接是一般常見的對接（圖2之①），主要使用在桁、棟樑、地檻等部位，具有燕尾對接與蛇首對接（圖2之②）所欠缺的抵抗彎矩的能力，非常適合用於大面積的結構部位。

〔山田知平＋編輯部〕

譯注：

＊「寄木細工」是日本箱根的一種傳統工藝，擁有超過兩百年的歷史，運用木材的天然色澤拼接成幾何圖形。

■圖1　常見的搭接

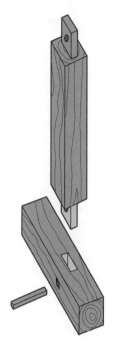

①長榫打入內栓

能夠對抗拉力的搭接。因為長榫的強度是關鍵，所以最好選擇韌性高的天然乾燥材。

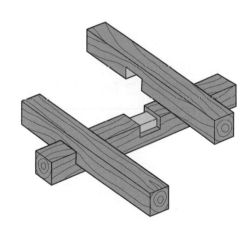

②勾齒搭接

能夠支撐垂直負重，也能抵抗水平力。

■圖2　常見的對接

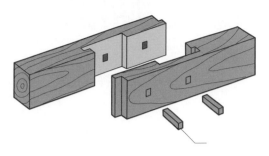

①追掛對接

將木材重疊接合後打入木榫，抵抗拉力的表現極佳。

蛇首榫

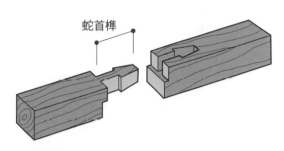

②蛇首對接

能夠承接來自上方的垂直負重，也能抵抗拉力。只是在結構上最好合併使用五金構件。

③台持對接

屋架使用圓木時的做法，基本原則是在支撐點上進行接合。

034

妥善鋪設木地板的方式

不同樹種的差異

實木地板在材料上依據樹種的不同，可分為針葉樹與闊葉樹兩大類。針葉樹的木地板材容易從圓木裁切成長尺寸的木材，各種尺寸也較齊全。相對來說，闊葉樹材則幾乎全都是短尺寸，尺寸也較零散。另外，在日本也因國產木材資源的減少，市面上流通的多是長度參差不齊的材料。

木紋的差異

木材板面的紋路大致上可分為山形紋與直紋（圖1）。山形紋材還包括有節眼與無節眼兩種（圖2）。另外，柳杉與扁柏等實木地板材，還由於心材（偏紅）與邊材（偏白）在顏色上的差異，常被人誤認為是不同的樹種。

關於基底板材

長尺寸、或厚度超過30mm的木地板，大多是直接鋪設在樓板格柵上。至於短尺寸、尺寸參差不齊的材料、或厚度小於30mm的木地板，則需要在樓板格柵上先鋪好基底板，再於基底板上鋪設木地板（圖3左）。

基本上使用交錯鋪設法

鋪設木地板時，重要的是採用交錯鋪設法，也就是錯開木板的交接處，使交接處位於相鄰木板的中央（圖3右）。因為實木地板在木板交接處容易變形，這種貼法使得相鄰的木板可以相互抵消變形的拉力。

木板交接處一定要剛好位於樓板格柵的正上方。如此一來，就可以避免木板凹陷。如果木材尺寸參差不齊，很難使交接處準確置於樓板格柵正上方時，就要先鋪上基底板，然後才在上頭施工，以免木板凹陷。

也可以使用厚度15mm以上的基底板，再鋪設經過企口加工的木板。藉由企口加工，可以使木板上下、左右都緊密契合，也能防止交接處的變形與板身的凹陷。　　　　〔大場隆博〕

■圖1　直紋與山形紋

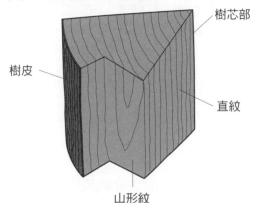

樹芯部

樹皮

直紋

山形紋

直紋
以垂直於年輪的角度裁切後，木材板面呈現出直紋。有著細密紋理的直紋板由於不容易變形，被視為上等木材。

山形紋
以幾近平行於年輪的角度裁切後，木材板面呈現出不規則的山形或波浪紋。

■圖2　有節眼與無節眼

節眼（枝椏部分）

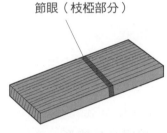

受力時容易破損，看起來也不美觀。

有節眼
節眼是生材的枝椏部分。若是枝椏在仍然活著時便隨著樹木生長而被捲入，就會變成色澤優美的生節；若是枝椏在乾枯後才被捲入的話，節眼會接近黑色。也有在節眼脫落後留下的空洞裡、再加工填入節眼的木材。

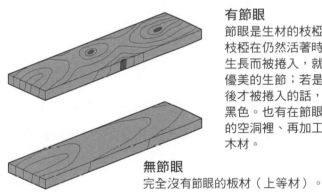

無節眼
完全沒有節眼的板材（上等材）。

■圖3　木地板的鋪設方法

直接鋪設在樓板格柵上

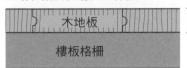

木地板

樓板格柵

}厚度達30mm以上

用於鋪設長尺寸木材與厚度超過30mm以上的厚實木地板。

鋪上基底板後再鋪設木地板

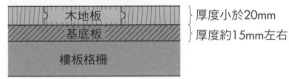

木地板

基底板

樓板格柵

}厚度小於20mm
}厚度約15mm左右

用於鋪設短尺寸、尺寸參差不齊的材料或是厚度小於30mm的木地板。

交錯鋪設法

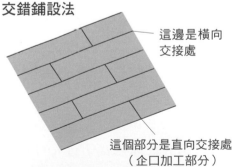

這邊是橫向交接處

這個部分是直向交接處（企口加工部分）

035

鋪設木地板的技巧

 Point 首先讓木材適應環境溼度，並進行分類。近心材面的木板容易剝落翹起，所以排除不用。

適應環境溼度，並進行分類

拆封後的實木地板材，在施工前需要先適應工地現場的溼度。將木材放置在工地現場數日以適應環境溼度，可以有效減少施工後立即出現變形的狀況。

在此同時，可對實木材進行粗略的分類。因為實木材屬於自然材料，每一塊都是獨一無二的，不僅紋理色澤不同，節眼的多寡也各有差異。將擁有相似紋理與色澤的木板鋪在一塊兒的話，看來既美觀也自然。將節眼較多的木材鋪設在房間的邊緣，節眼較少的木材鋪設在房間中央或出入口附近，也會讓來訪的客人留下較好的印象。

直紋材與山形紋材·近心材面與近邊材面

木頭的紋理在設計上是很重要的環節。木頭的紋理依裁切圓木的方法不同，可分為直紋與山形紋兩種（圖1、圖2）。

比起闊葉樹，針葉樹的木紋較為明晰。和山形紋材相比，直紋材則因纖維方向一致，而更不易收縮與變形。不過，直紋材的節眼多呈現傾斜細長狀而容易斷裂，所以只能使用沒有節眼的木材（圖1）。因此，一根圓木可製成直紋材的部分有限，導致成本高昂。

另外，也需要留意木材的近心材面與近邊材面。山形紋材靠近圓木外側的那一面稱為近邊材面，靠近內側的則稱為近心材面。近心材面在受力後容易剝落翹起（圖2），一旦摩擦碰觸到可能使人受傷，因而不建議當成供人頻繁行走的地板表面使用。施工時必須以近邊材面做為表面。

經年累月後的變化

有些木材的節眼在剛施工完時非常顯眼，但是經年累月後，木材本身的顏色會因不斷吸收紫外線而慢慢加深，整體色澤便漸漸和節眼取得協調感。同樣地，在柳杉材中常見的、兼具紅色心材與白色邊材的「源平材」，顏色也會逐漸同化，使紅白差異變得不那麼明顯。這種隨著時間推移而產生的變化，也是自然材料耐人尋味的地方。　　　　　〔大場隆博〕

■圖1　使用徑切法時

徑切法

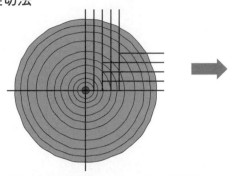

將圓木分為四等分，從中心往外圍進行裁切。當直紋慢慢轉為山形紋時（日文稱為「追い柾」），便將木材轉向，從另外一側開始裁切。

直紋材

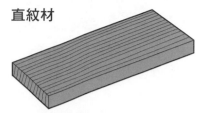

木材的紋理與纖維方向一致且細密，因此多呈垂直紋理，也不易產生變形或反翹的狀況，外表美觀。

有節眼的直紋材無法使用

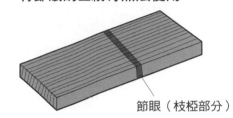

節眼（枝椏部分）

因為節眼橫跨了整個木板，木板容易從節眼部分斷裂開來，所以無法使用。

■圖2　使用弦切法時

弦切法

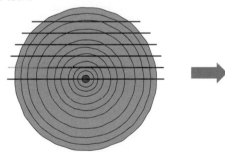

山形紋材

放大

山形紋材的近心材面容易剝落反翹

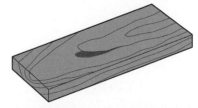

山形紋材因為在裁切時切斷了纖維，所以如果以靠近木芯的那一面當成表面，年輪的部分容易產生剝落反翹的現象。所以必定得使用近邊材面，這是很重要的原則。

樹皮側 「近邊材面」

圓木的木芯側「近心材面」

036
用木材鋪設天花板

 Point 傳統的日式樣式為長條式天花板與竿緣天花板。新式工法也值得挑戰。

天花板傳統的鋪設法

　　長條式天花板指的是用經過企口加工的木板鋪設而成的天花板，板材與板材之間留有縫隙，整體樣式看起來很簡潔俐落（圖1）。

　　竿緣天花板則是使用經過交疊加工的板材，並在與板材垂直的方向設置日文稱為「竿緣」的細長小角材（圖2）。是日式住宅裡不可或缺的要素。

　　過去和室的天花板，多使用由吉野杉、或秋田杉等紋理優美且樹徑大的木材加工而成的薄板，每片厚度為7mm左右，現在則比較少見。

用於天花板的木材

　　自從引進西式設計之後，天花板材的主流就變成壁紙等新式建材。不過，隨著加工技術的進步與新式工法的出現，西式房間的天花板也開始使用木材。一般的工法是將經舌槽加工的木材（圖1下）鋪設在天花板上。最適合的樹材種類是重量輕盈的柳杉、扁柏、與日本落葉松等針葉樹。天花板薄板的厚度約在10～12mm，若是超過12mm就不適用。

　　再者，考慮到成本的話，比起長尺寸的木材，短尺寸的木材比較容易取得品質較好的材料。闊葉樹因為比較沉重、且容易變形，所以也不適合用在天花板上。一般常見的做法是，先鋪上石膏板做為基底之後，再交錯鋪上板材。

適當的天花板裝修方法

　　最近，氣密度佳、視覺上看來空間較大的傾斜天花板也愈來愈常見（圖4）。另外，還有一種工法是在屋頂斜樑的外側，鋪上經舌槽加工、較為厚實的木板，以做為天花板。

　　為了降低成本，人們也開始採用「地板兼做天花板」的工法。這種工法指的是，一樓不鋪設天花板、使樑直接外露，二樓的地板則使用經過雙面化妝板處理、厚度達40mm以上的地板材。這麼一來，地板材的表面是二樓的地板，底面則同時是一樓的天花板。

　　此外，像是在長條式天花板上再鋪設竿緣的做法、以及方格天花板（圖3）等，擁有高度設計感的工法也陸續問世。

〔大場隆博〕

■ 圖1　長條式天花板

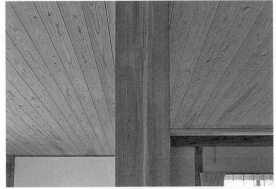

與牆壁內面所用的板材不同，使用寬度較寬的木板。整體樣式看起來很簡潔俐落。

■ 圖2　竿緣天花板

鋪上木板後，再安置上細長的小角材。竿緣與房間的長邊平行，且須注意不能與凹間形成直角。竿緣的鋪設數量也有一定規定，6張榻榻米的房間（3坪）使用5根，8張榻榻米（4坪）則為7根。

企口加工板

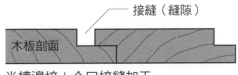

接縫（縫隙）

木板剖面

半槽邊接＋企口接縫加工

木板剖面

舌槽邊接加工板

拼組板材時這個部分會留下縫隙

■ 圖3　方格天花板

鋪設於格子狀板材間的水平板稱為鑲板，一般被認為是豪華的天花板樣式。

■ 圖4　傾斜天花板

一般指有斜度的天花板，但也有不少將屋頂內側直接當成天花板的案例，其基本條件是必須做好屋頂隔熱。

037

用木材鋪設內牆

 Point 用木材鋪設內牆時，需注意木材的厚度與通風。也須考慮與整體室內擺設的協調性。

依照功能性與協調性進行選擇

牆壁是房間裡占據面積最大的部分，而且比起天花板與地板，也是最先進入視野的部分，因此施工前必須慎選使用的樹種與木材的紋理。

內牆依據不同的搭配考量，可選用的樹種相當多元豐富。可根據各個房間的用途，或是考慮與裝潢、門窗、家具等整體室內擺設的協調性，來進行選擇。

另外，也須追求木材的吸溼放溼功能。厚度達12mm以上的材料，大多具備一定的吸溼放溼效果。

各式各樣的內牆鋪設方法

內牆的鋪設方法與所呈現的設計感可說相當多樣。除了垂直縱板鋪設（圖1）、水平橫板鋪設之外，一般常用的還有在牆壁中間貼上橫條當做分界，其上、下方各使用不同樹種木材、或相異鋪設方向等方式。另外，也有「板倉工法」（圖3），其方式是在柱與柱之間嵌入厚木板，既組成房屋結構，也同時構成了牆面。

在外觀看不到的地方使用木材

使用實木材製作壁櫥與衣櫃的內壁板是較為理想的。這些場所容易聚集溼氣，因而容易發黴與滋生塵蟎。內壁板若能選用調節溼氣效果優異的柳杉或扁柏，也能發揮抑制黴菌與塵蟎的效果。

木造浴室

將木材用在浴室的牆壁時，最好從比腰部稍高的部分開始張貼。樹種可選擇羅漢柏、扁柏、與花柏等比較不怕水與不易發黴的樹種。因為水分會聚積在木質牆壁深處，所以必須先在預計張貼木板的牆壁部位鋪好基底板，再鋪上防水不織布等材料進行防水處理，之後才貼上木板。如果使用厚度小於10mm的木板，也會縮短乾燥速度。

浴室發黴的原因，主要是殘留在牆面上的皂沫與水氣。如果能在入浴後將牆上的皂沫沖乾淨，或是保持浴室的通風除溼，便可減少發黴的機會。

〔大場隆博＋編輯部〕

■圖1　內牆縱板張貼的結構

柱子：
扁柏105□

天花板托樑：
柳杉45□

天花板線板：
硬木（橡木、象
蠟樹）25×20

天花板

墊木
45×21

務必使用乾
燥木材，需
注意板材的
裁切及交接
處的接合方
式

踢腳板
木地板
地板底材（合板）

板側格柵

單位：mm

■圖2　天花板與牆壁的交接處
（斷面 S＝1：5）

壁板＋天花板（沒有收邊材）

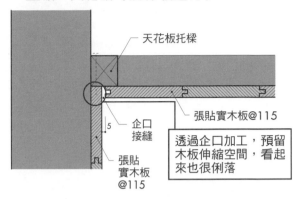

天花板托樑

張貼實木板@115

5　企口
接縫

張貼
實木板
@115

透過企口加工，預留
木板伸縮空間，看起
來也很俐落

考慮到實木材的伸縮特性，
預留約3～5mm的空間，並
且使用充分乾燥的材料

天花板托樑36×40@303

張貼實木板@115

填縫木材
加裝天花板
線板
張貼實木板
@115

張貼天花板線
板時，若外露
的斷面較小，
整體輪廓會更
鮮明

單位：mm

■圖3　「板倉工法」牆壁的施工實例

預先在柱子上鑿出溝槽，再將木板
嵌入。

比起一般住宅，使用的木
材數量會多出2～2.5倍。

038

外牆木板必須注意的條件與性能

 Point 在日本，對於木材在外牆上的使用，有相關的法令限制。在設計規劃、木種選擇、以及塗裝上也有許多需要注意的地方。

木材的使用限制

在日本，於外牆使用木材時，依據建築物所在地、及住家的規模，都有不同的規定限制。若是在都市計畫裡劃定的防火區域、準防火區域裡使用木材的話，就必須選用不燃、或準不燃材料（圖1），或是採取其他方式，如設計「可燃燒安全斷面」（圖3），使木材就算表面起火燃燒也不會損及結構。

除了都市計畫法的防火・準防火區域以外，還有依建築基準法再22條所劃定出的「22條區域」。位於22條區域裡的建築物，只要是在有延燒之虞的範圍內（一樓部分與鄰地地界線或道路中心線相距為3m以內、二樓部分距離為5m以內），木材的使用就須受到限制。換言之，使用木材的住家，為了在設計上不受到制約，必須與鄰地地界線或道路中心線距離5m以上（圖2）。若沒有廣大的建築用地，實在很難符合這個條件。不過，在防火・準防火區域、22條區域外的地區，木材的使用就不受限制。

對抗溼氣和雨水的對策

木材不喜歡溼氣，所以若是建物周邊有山林或水道等較容易聚集溼氣的環境，就會對外牆的木材造成損傷（圖4）。因此必須規劃出不易滯留溼氣、通風良好的基地設計。若屋簷的出簷幅度較大，雨水就不會直接打在外牆上，像這樣的設計能有效延長住宅的使用壽命（圖5）。

適合製成外牆木板的樹種

適用於外牆的代表性樹種為柳杉。以柳杉心材（木芯部分）製成的木板，因為耐水性強、耐用性高、耐氣候性優異，加上價格便宜，從以前就是普遍使用的樹種。另外，花柏與落葉松也是不錯的材料。闊葉樹材則因為一吸收溼氣就容易變形，所以不適合當做外牆材料。

表面塗裝是必要的

外牆材料會受到雨、雪、風、紫外線等氣候條件的影響（圖4），所以為了延長使用壽命，建議使用自然塗料、或柿澀等塗料（參照第120頁）等進行表面塗裝。

〔大場隆博〕

■圖1 都市計畫法（防火區域）

防火區域內的建築規定

樓層數 （含地下室）	樓板面積 100 m²	100 m²以上
3以上	耐火建築物	
2	耐火建築物或 準耐火建築物	
1		

原則：除了一部分通過建築法令認定、具有一定耐火性能之木造住家建築外，基本上木造建築不屬於耐火建築物。但若砂漿厚度達20cm以上就可算是防火構造。

■圖2 建築基準法22條區域（屋頂不燃區域）

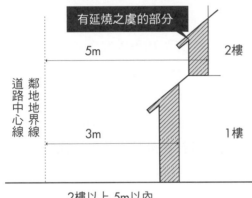

有延燒之虞的部分

5m　2樓

道路中心線　鄰地地界線

3m　1樓

2樓以上 5m以內
1樓 3m以內

■圖3 可燃燒安全斷面設計的圖例

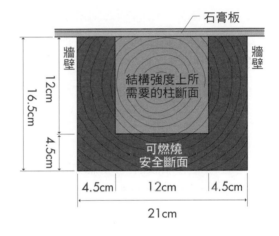

石膏板

牆壁　牆壁

16.5cm
12cm
結構強度上所需要的柱斷面

4.5cm

可燃燒安全斷面

4.5cm｜12cm｜4.5cm
21cm

■圖4 外牆木板的大敵

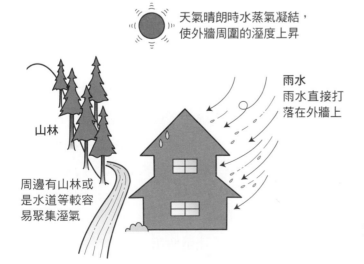

天氣晴朗時水蒸氣凝結，使外牆周圍的溼度上昇

雨水
雨水直接打落在外牆上

山林

周邊有山林或是水道等較容易聚集溼氣

■圖5 保護外牆木板

較大的屋簷除了能防止雨水直接打在外牆上，也能遮蔽陽光中的紫外線

定期進行塗裝的補塗保養也很重要

039
外牆木板的鋪設方式

 Point 雨淋板的張貼極具設計美感。在外牆與內牆間設置通風層，以維持木材的乾燥。

使用在外牆的木板

雨淋板是最具代表性的外牆鋪設方式。能夠防止雨水滲入內牆的雨淋板，其鋪設方法是將木板橫放、從下到上彼此交疊；也就是使每片木板都以向地面斜露出其側面的方式加以疊合鋪設。以下列舉幾種較具代表性的鋪設法（圖1）。

①南京雨淋板鋪設法

常見於舊式木造校舍與洋式住宅的鋪設法，也稱為鎧甲鋪設法、或英式雨淋板。木板與木板間的交疊方式，日文稱為「羽毛重疊」（類似鳥類羽毛重疊覆蓋的形態），交疊部分以釘子固定。為了避免木板收縮或變形，就算細窄也要選擇直紋的木板。

②押緣雨淋板鋪設法

可見於日式民家的鋪設法。其樣式是在南京雨淋板上再架上日文為「押緣」的縱向小角材加以固定。為了防止木材變形，可使用山形紋材。

③德式雨淋板鋪設法

木板本身具有類似半槽邊接加工的型態。在木板下側透過企口加工做出縫隙，目的是為了加強木板接合部的排水功能。

④大和鋪設法

可見於圍牆等處的鋪設工法。將直立木板以彼此間隔約一塊木板的方式進行內外交疊，形成凹凸不平的牆面。透過內、外側木板的交互鋪設以促進通風，同時也有遮蔽外來視線的功能。因為極具設計感，所以住宅外牆多使用這種工法。

⑤縱向鋪設法

將經過舌槽邊接、或半槽邊接加工的木板依序縱向鋪設的工法。

通風工法的重要性

外牆的主要功能在於，保護住宅不受外部氣候因素影響，而能延長住宅的使用期限。實木材因為十分耐用，所以從以前就常被用來當成外牆材料使用。過去的住宅因為氣密度低、通風好，所以不必多費心力、木材自然就能常保乾燥狀態。但如今大多要求住宅具有高氣密性，因此在內、外牆間設置通風層，藉此維持內牆木材的乾燥，是不容忽視的要點（圖3）。

〔大場隆博〕

■圖1 外牆木板使用的工法種類

南京雨淋板鋪設法

使用厚度約4～5寸（12～15cm）的細窄木板平行交疊。為了減少木材的變形，所以使用較細窄的木板。

押緣雨淋板鋪設法

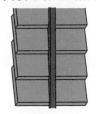

使用厚度約6～7寸（18～21cm）的寬木板交疊，並以押緣（細木條）固定在上方。因為押緣能抑制木板的變形，所以可使用較寬的木板。

德式雨淋板鋪設法

比起押緣雨淋板鋪設法、及南京雨淋板鋪設法，施工性較佳。設計上偏西式風格。

大和鋪設法

將同樣寬度的直立木板以彼此間隔約一塊木板的方式進行內外交合，形成凹凸不平的牆面。常用於追求設計感的住宅外牆。

縱向鋪設法

將經過舌槽邊接、或半槽邊接的木板依序縱向鋪設。若從正上方打入鉚釘（飾釘），能減少木材的變形。

■圖2 外牆木板的施工實例

壓條鋪設法
縱向鋪設木板，並在木板與木板交接處以壓條固定。

壓條鋪設法（右）＋南京雨淋板鋪設法（左）
在牆面混合不同的鋪設法，營造出趣味盎然的設計感。

■圖3 通風工程的重要性

比起在外牆上進行通風工程，以通暢的空氣循環將溼氣從屋內（牆內）送到屋外，更能使木材常保乾燥狀態。大和鋪設法與縱向鋪設法特別需要注意通風。

040 用木材進行室內裝修

 Point 收邊材需選用適當樹種以配合周邊的裝修材。

　　裝修材是家中所用的裝潢材料的總稱，幾乎是指室內所有可見的部材，也稱為修飾材。舉凡用於天花板、牆壁、地板、樓梯等處的材料，與固定家具（參照第98頁）、置物架等，都屬於裝修材。

天花板線板・踢腳板

　　收邊材是用在不同部位裝潢的交接處或收整處的部材。在此針對室內常用的主要收邊材進行說明。

　　天花板線板是用在天花板與牆壁交接處的細長部材。天花板使用實木時，線板則選用同樣樹種的實木；同樣地，壁材使用實木時，線板也應使用相同樹種的實木。

　　踢腳板是用於牆壁與地板之間、窄長的收邊板材，通常會使用與地板同樣的樹種。至於腰壁板，在牆壁與地板皆為實木的狀況下，則應配合牆壁的樹種。

　　天花板線板與踢腳板就美觀的考量來說十分重要。為了避免日後木材出現變形，最好選擇已經過充分乾燥處理的無節木材。

門檻・門楣

　　邊框材料包括門框、窗框、與隔間物件邊框等。理想狀況是使用與地板相同樹種的材料，但當地板是闊葉木材時，要是選用相同樹種，勢必會提高材料成本，所以一般多選用柳杉、扁柏、羅漢柏等針葉樹種。

　　門檻是指可嵌入隔扇、格柵紙門（窗）、拉門等橫拉門窗的下方部材。隔間物件一般裝設於事先鑿好溝槽與軌道的門檻上方，可橫向移動、開合。由於門檻需要支撐門窗的重量，所以得具備一定強度。也因此，最常使用的材料是松木，其它像是扁柏、櫻木、栗木也很常見。另外，為了增加橫拉時的滑順度，溝槽部分會黏上竹片或是專用的膠條。

　　相對於門檻，門楣則是指可嵌入橫拉門窗的上方部材，也同樣具有溝槽。門楣在材料上偏好柳杉、扁柏、與羅漢柏等。在選用門檻與門楣材料時，需配合牆壁與天花板的設計調性，這點相當重要。

〔大場隆博〕

■圖　和室的內部

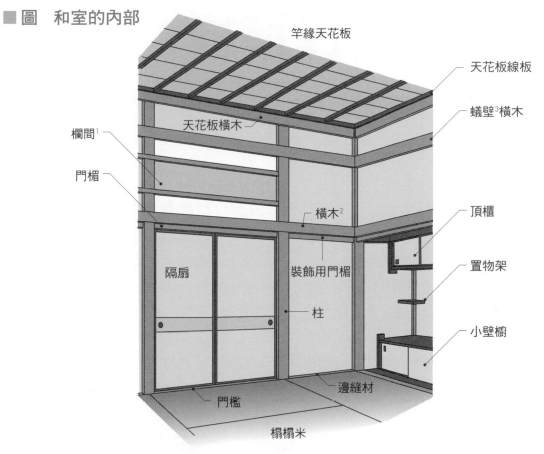

竿緣天花板

天花板線板

蟻壁[3]橫木

欄間[1]

天花板橫木

門楣

橫木[2]

頂櫃

置物架

隔扇

裝飾用門楣

柱

小壁櫥

門檻

邊縫材

榻榻米

竿緣天花板。凹間的側柱、上方垂壁前，下方床板前的裝飾橫木皆使用槐木，勾勒出整體的鮮明輪廓。天花板四周環繞著天花板橫木。

凹間（圖中右方）圖例。凹間旁為床脇（左方），其上方的收納空間為頂櫃，下方則為小壁櫥，上下之間亦設有左右高低不一的置物架。紙窗是付書院式[4]的樣式（最右側），且其上方設有欄間。

譯注：
1.欄間：推拉門上方的木格氣窗，具有通風及裝飾效果。
2.橫木：設置在牆壁中間偏上方，與柱的上部水平連接的裝飾橫材。
3.蟻壁：欄間上下區隔出的牆壁。
4.付書院：凹間側邊像是凸窗的部分，在古代是皇室與武家住宅中兼做起居室與書房的房間。

041
用木材搭建樓梯

 Point 樓梯是屋內最危險的地方。嚴守尺寸規定，選擇結構強度優異的樓梯材料。

對樓梯的基礎認識

構成樓梯的材料主要包括了：腳踩的踏板（樓梯板）、支撐樓梯踏板的側板或鋸齒樑板、以及嵌入踏板與踏板間的踢板（圖1）。另外，設有樓梯平台時，也需要平台踏板、旋轉踏板；設有扶手時，還會有欄杆柱、欄杆小柱、扶手（扶手橫木）等。

搭建樓梯時，最常使用的工法是將踏板嵌入兩邊側板的邊樑式樓梯。除此之外，還有以下幾種工法：以經過加工的鋸齒樑板支撐於踏板兩側下方的雙龍骨樓梯；以鑿成鋸齒狀的整根木材支撐於踏板正下方的單龍骨樓梯；還有過去民家常見的、由箱型家具堆疊而成的箱型樓梯（圖2）。

樓梯依照通道的型態，可分為直通樓梯、曲折樓梯、急折樓梯、直角轉角樓梯、螺旋樓梯等（圖3）。

在家中雖然可利用樓梯上上下下，但要是一不小心踩空就會受傷，也可說是屋內最危險的地方。因此，樓梯除了須具備紮實的結構外，也需要妥善設計，使兩人即便在樓梯通道上擦身而過也安全無虞。

樓梯材料需具備的特性

日本在建築法規上，對於樓梯有一定的尺寸規定。以住家而言，規定樓梯平台需寬於75cm、且高度在4cm以下；踢板的高度（級高）需低於23cm，踏板的踏面（級深）須達15cm以上（表）。不過對我來說，理想的樓梯尺寸，級深必須達到27cm以上，級高要在18cm以下；這樣一來，就能兼顧上下樓梯的安全性與舒適度。

用在樓梯的木材，須具備強度、耐用性與設計上的美感。一般來說，多使用針葉樹材的松樹、扁柏，或是闊葉樹的櫸木、櫻木、栗木、桴樹。踏板若為3尺寬（1尺約303mm，3尺約910mm），厚度需達36mm以上；4尺寬（1212 mm）時則厚度需達45mm以上。踏板與側板容易受到木材熱漲冷縮等變動的影響，走動時容易產出聲響。因此，搭建樓梯的木材最好使用已經過充分乾燥的木材。

〔大場隆博〕

■圖1 樓梯的主要部材

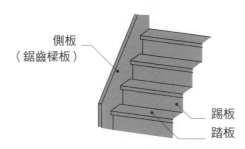

側板
（鋸齒樑板）

踢板

踏板

■圖2 箱型樓梯

樓梯部分由箱子＝家具構成，不僅增加收納空間，也發揮了樓梯的功能。

■表 樓梯的尺寸規定（建築基準法施行條例23條）

單位：cm

種類	樓梯與樓梯平台的寬度	踢板	踏板	樓梯平台的高度
小學	140 以上	16 以下	26 以上	
中學、高中、百貨公司、劇場、電影院、活動中心、禮堂	140 以上	18 以下	26 以上	300 以下
戶外	16 以下	22 以下	21 以上	400 以下
住家	26 以上	23 以下	15 以上	
住家	75 以上	23 以下	15 以上	400 以下

原注：扶手的高度為80～90cm

■圖3 各形各色的樓梯

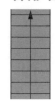
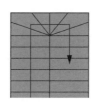

樓梯平台

直通樓梯
視線上沒有遮蔽，設計簡單、成本也低廉。但是，由於這種樓梯的通道筆直，若不小心失去平衡，會有一路摔落到樓梯盡頭的危險性。

曲折樓梯
與直通樓梯需要的空間差不多，但如果可以的話最好能設置樓梯平台。要是沒有多餘的空間，曲折而上的部分可設在低處。

急折樓梯
最安全的樓梯型態。樓梯平台的內側寬度達800mm以上，轉彎部分達850mm以上。

樓梯平台

直角轉彎樓梯
因設有樓梯平台而較安全，但需要較大的空間。

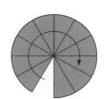

螺旋樓梯
西式的螺旋樓梯兼具設計感與功能性，近年來十分受到歡迎。過去緊急避難通道的樓梯多採用此形式。

042

用木材製作家具

 Point 用於家具的樹種，需考慮家具功能、以及是否符合周圍空間的調性。

家具的分類

家具大致上可分為兩類：一種是固定於建築物內，裝潢時即先行裝設好的「固定家具」；另一種是能夠移動、替換方便的「活動家具」。

其中，活動家具還可依照型態，再細分為壁櫥、置物櫃等以箱型為主體的「箱型家具」（圖1），與桌椅等有腳的「腳型家具」（圖2）兩種。

固定家具是與室內空間融為一體的客製化家具，通常需要與屋主進行充足的溝通與確認，依照居住者的生活習慣與身材特徵、收納物品的大小數量、以及使用頻率來進行製作（圖3）。為了營造室內空間的整體設計感，固定家具所使用的樹種多與地板、牆壁、天花板一致。

不過，樹種的選擇也可能因為功能上的考量而有所不同。例如，要求強度與耐用性的廚房、洗臉台與櫃檯等家具，適合使用櫸樹、栗木、櫻木、日本七葉樹、楓樹等闊葉樹。壁櫃、櫥櫃裡的木板，則適合使用吸溼放溼性能優異的柳杉與扁柏等針葉樹（表）。

至於以實木製成的活動家具，則包含矮桌等各式桌椅。這類家具因為在日常生活中使用頻率高，所以需優先考慮耐用性、耐水性與強度（表）。

實木家具的問題與解決對策

實木家具主要的問題在於木材的收縮與變形。過去往往使用塗料去除木材本身吸溼放溼的性能，以抑制變形的狀況發生；但這麼一來，就稱不上是運用自然素材的家具了。

闊葉樹材在經過長時間的乾燥後，就不易彎曲變形。因此，只要使用經過充分乾燥、且沒有節眼的木材，就能有效將變形的機率降到最低。

若是考慮使用實木家具，比起一般市面上現成的家具商品，更推薦的做法是委託木工職人製作客製化的家具。雖然製作成本較高，但是這些家具不僅能供我們用一輩子，甚至還能傳承給下一代，如此看來，也不能算是高價品，反倒經濟又實惠。　　　　　　　　　〔大場隆博〕

■圖1　箱型家具（壁櫥類・置物櫃類）

板組式
以厚實木板為架構主體。但為了節省材料、防止翹曲、輕量化等目的，多採用中空結構。

框組型
比於板組式，所需零件較多、工序也較繁雜，但材料的體積小、較為輕盈。

■圖2　腳型家具（桌椅類）

桌子由桌面與桌腳部分（桌腳、幕板、水平橫木）構成。桌面是最重要的部分，考量重點在於平滑度、結構強度、與耐用性。

由於椅子直接支撐著人體的重量，所以必須優先考量結構強度、與使用舒適度。

1 2 **3** 4 5 6 7　巧妙運用木材

■圖3　木製家具的實例

以實木製成的置物櫃與櫃檯。　　　　因應居住者使用方式，客製化的鞋櫃。

■表　各類家具適合的樹種與特性

	桌子	壁櫥	廚房・洗臉台
適合樹種	日本七葉樹 核桃樹 櫸木 橡木 扁柏	柳杉 扁柏	栲樹 栗木 日本七葉樹 扁柏
特性	耐用性、耐水性、強度	吸溼放溼性、防蟲、除臭效果	強度、耐水性、耐用性

> 定期使用植物性塗料、或植物蠟保養家具，能提高其耐水性與耐用性。

043
用木材製作門窗

Point 門窗可說是房間的門面，除了美觀，也具備隔間的機能性。

門窗的功能

從過去到現在，人們總認為：「門窗、柱子、地板，決定了一個家的門面。」門窗也可說是房間的門面，設計上自然有其重要性。隨著使用樹種與門窗設計的不同搭配，便可營造出各式各樣的室內氛圍。

而且，門窗同時也是區分出室內與室外、房間與房間的隔間材料，擁有保護衣服、餐具，及調整通風等功能，必須具備機能性與耐用性。

就樣式來說，可分為和式門窗與西式門窗。和式門窗的邊框厚度約30mm，相對來說較為輕巧，以木板拉門、紙拉門窗、隔扇（圖1上）最具代表性。而西式門窗的邊框厚度為36mm以上，以平面門（圖1下）、玻璃門、百葉（捲）門為代表。現在的日本住家多採用融合和式與西式的折衷做法，擷取兩種樣式的長處。

製作門窗時使用的木材，以花旗松、雲杉、阿拉斯加扁柏等進口木材為主流，日本的國產木材則以柳杉、扁柏等針葉樹為代表；另外也可使用羅漢柏、花柏、金鐘柏、赤松。闊葉樹則以梣樹、栗木居多，還有刺楸樹與欅木可選用（表）。

門窗的使用

門窗最重要的部位是縱框與橫框（上冒頭、下冒頭），基本上會使用木紋細密、且從上到下皆維持一定間隔的直紋材。使用柳杉與扁柏時，要選擇堅固又耐用的心材（顏色偏紅），而不是柔軟的邊材（顏色偏白）。再者，有節眼或山形紋的木材因為容易變形，會使門窗變得很難開關、令人困擾。

門框在榫接時若是使用加工製成的雙榫榫頭等樣式，更能有效防止木材滑動（圖2）。另外，用於門窗的實木材大概得花上1年的時間才會完全適應環境，所以這段期間內或多或少需要加以調整，這點請務必加以留意。

〔大場隆博〕

■ 圖1　各式各樣的門窗

紙拉門窗

沒有裙板的紙拉門窗，日文稱為「水腰障子」。能在日常的空間裡表現出輕盈感。

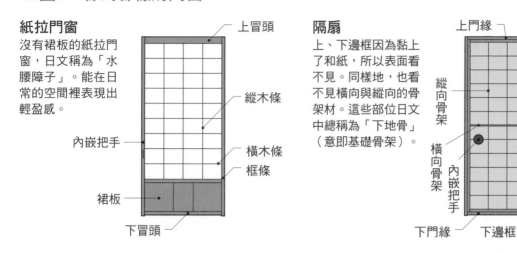

- 上冒頭
- 縱木條
- 橫木條
- 框條
- 內嵌把手
- 裙板
- 下冒頭

隔扇

上、下邊框因為黏上了和紙，所以表面看不見。同樣地，也看不見橫向與縱向的骨架材。這些部位日文中總稱為「下地骨」（意即基礎骨架）。

- 上門緣
- 上邊框
- 縱向骨架
- 縱門緣
- 橫向骨架
- 和紙
- 內嵌把手
- 下門緣
- 下邊框

平面門

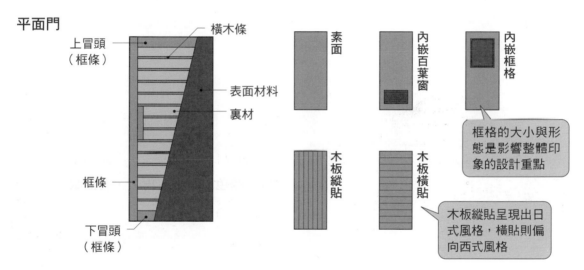

- 橫木條
- 上冒頭（框條）
- 表面材料
- 裏材
- 框條
- 下冒頭（框條）
- 素面
- 內嵌百葉窗
- 內嵌框格
- 木板縱貼
- 木板橫貼

> 框格的大小與形態是影響整體印象的設計重點

> 木板縱貼呈現出日式風格，橫貼則偏向西式風格

■ 表　製作門窗時使用的木材

針葉樹	柳杉、扁柏、羅漢柏、花柏、金鐘柏、赤松等
闊葉樹	梣樹、栗木、刺楸樹、欅木等

進口木材可使用花旗松、雲杉、阿拉斯加扁柏等

■ 圖2　門框榫接榫頭實例

雙榫榫頭　　　　　　　兩段式雙榫榫頭

承續家族歷史的住家

　　這間經過整修的自然住宅，原本是曾擔任木匠領班的屋主父親在戰後一手興建的住家。家中原有的古木材、門窗、以及日常生活用品，都盡量加以重新翻修再利用（右下圖）。住家所在地臨近名古屋市中心，為人口密集的住商混合區。整體設計重點放在室內的採光與通風機能，並且重視與鄰近街巷建物之間的協調性。

　　為了讓高齡的屋主夫婦享有舒適的生活，設有低溫地暖系統與使用顆粒燃料的暖爐。設置於住家中央的日光室（sun room）與鄰居的親戚家之間僅以中庭相隔，是兩家休憩歡聚的場所（左下圖）。親戚的住家也同樣在此次工程中，改建為比原先格局要小的自然住宅。

　　平房結構採用樑柱構架式工法，並運用傳統榫接。牆壁為編竹夾泥牆，內外牆進行粗抹後，分別於內、外牆面上塗上硅藻土與灰泥。木材主要使用日本國產柳杉及扁柏，地板材則是橡樹實木（右上圖）。屋頂為三州瓦*，隔熱材為柳杉樹皮板。整間房屋、甚至連底材部位都未使用合板等新式建材。外部結構則使用經過氮化加工、耐用性高的柳杉枕木（左上圖）。　　　　〔大江忍〕

外觀 北面（停車場部分使用日本柳杉的枕木）

室內 廚房與餐廳兼起居空間（屋架為柳杉剝皮圓木）

日光室（地板鋪上御影石）

玄關（活用原有的門窗與凹間木板）

譯注：
＊三州瓦是產於愛知縣的黏土瓦，與兵庫縣淡路島的淡路瓦、島根縣的石見瓦，並稱為日本三大瓦。

位置 愛知縣名古屋市　　設計 大江忍　　施工 自然夥伴（Natural Partners）
結構・規模 木造平房　　建地面積 133 m²　　總樓板面積 117 m²

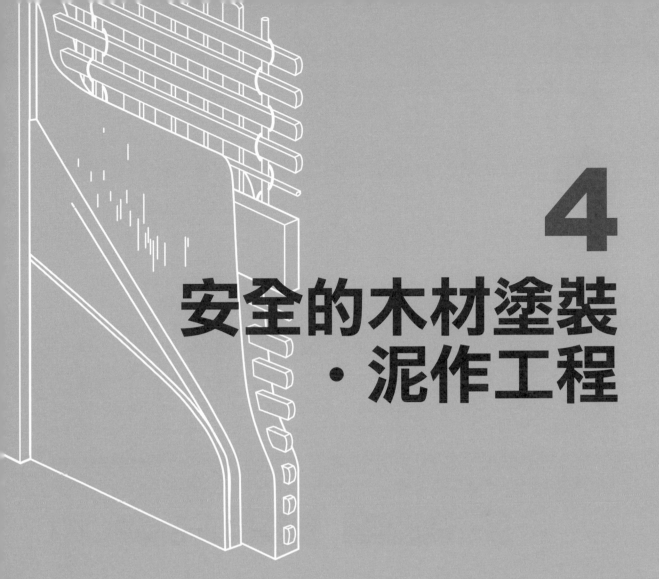

4

安全的木材塗裝
・泥作工程

044

木材是否需要塗裝

Point 塗膜會損害木材本身的特性與優點。應盡可能不用、或少用塗膜類的塗料。

損害木材特性的塗膜

木材到底需不需要表面塗裝呢？這是一個非常難以回答的問題。

塗裝處理的目的有二：一是為了設計考量，以充分顯現出木材的自然紋理等原有的美感；二是為了保護木材，避免其受損或堆積髒汙（圖2）。因為木材本身材質柔軟，不僅容易受傷、也容易受汙損，是一種極為細緻的素材。正因如此，才出現「木材需經過塗裝、覆蓋塗膜」的概念。

但是，塗膜一旦覆蓋在木材表面，就可能損及木材的特性，如優異的調節溼度機能、良好的保溫效果、以及柔美的聲響等（圖2）。話雖如此，但在日常生活裡要避免木材受汙、損傷，幾乎是不可能的任務（尤其對有孩童的家庭而言）。

所以，我認為基本上應以使用最少量的自然塗料為原則。不過如果是考慮到整體空間的色彩設計，那又另當別論了。的確，即使是透明的自然塗料，塗裝在木材上也能呈現出帶有光澤的深色，增添視覺上的層次感。不過，就算木材沒有經過塗裝，在時間的催化下也會改變色澤，別具一番自然風情，令人玩味。

依部位選擇塗料

①不論室內、室外，皆使用自然塗料。

②室內裝潢部分：在木地板或壁材等裝修材上使用最低限度的塗料。雖然乾燥之後就不會有味道，不致造成問題，但也有人會對自然塗料中所含有的柑橘類氣味感到不適。

③室外部分：首先應考慮不使用塗料的方法。室外的木材容易因受到雨水浸潤而變得潮溼，若是潮溼狀態一直持續，腐朽菌就會繁衍而導致木材腐朽。所以，施工上必須設計成有利於排水乾燥的結構形態。在此基礎上，如果真有必要，才考慮使用室外塗裝用的自然塗料（圖3）。

掌握自然材料的特性，並且發揮自然材料的最大效用，我認為這樣的概念最能呼應「打造自然住宅」的目的。

〔落合伸光〕

■ 圖1　依部位選擇塗料

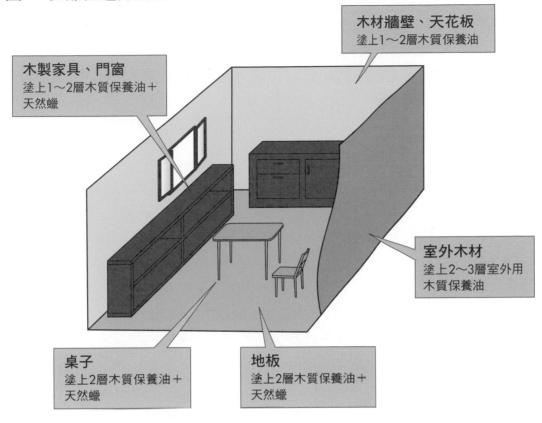

木材牆壁、天花板
塗上1〜2層木質保養油

木製家具、門窗
塗上1〜2層木質保養油＋
天然蠟

室外木材
塗上2〜3層室外用
木質保養油

桌子
塗上2層木質保養油＋
天然蠟

地板
塗上2層木質保養油＋
天然蠟

■ 圖2　塗膜類木材塗裝的優缺點

塗膜覆蓋 →

目的
● 設計美感（色澤）
● 保護

減損素材的特性
● 調節溼度的作用
● 保溫效果
● 柔美的聲響

■ 圖3　符合自然住宅概念的塗裝方法

① 不論室內、室外，皆使用自然塗料
② 使用最低限度的塗料

〈室外材料〉
③ 盡可能不使用塗料，並設計成有利於
　排水乾燥的結構形態

概念：掌握自然材料的特性，並發揮
　　　自然建材的最大效用

045
室內與室外的必要塗裝

 Point 室內需極力避免使用塗料；室外為了抵禦環境因素的影響，則可使用自然塗料。

塗裝的目的與必備機能

塗裝的主要目的，有下列三種：

①保護基底，提高耐用性

②裝飾上的美觀

③附加特殊機能

第①種與第②種所追求的機能，主要是耐水性、耐熱性、耐汙染性（使灰塵不易附著）。近年來，這些機能已經被視為是理所當然的基本條件。

如今更受到矚目的是第③種的特殊機能，包含隔音、遮熱隔熱、調節溼度、以及抗菌等。市面上已有各種商品，例如：可防止白蟻侵害的塗料、遮熱性能優異的塗料、或是能有效調節溼度的塗料等（圖1）。

室內塗裝的必備性能

室內的塗裝，會直接影響室內的空氣品質。而且就算是自然塗料，也可能引發某些人的過敏反應，因此不能確保絕對安全無虞。所以。進行塗裝前務必要斟酌居住者的身體狀況，決定塗裝的位置。當然，最理想的方式還是不使用塗料。

在自然類的塗裝材料中，也有標榜著能淨化空氣、與吸溼放溼的產品。雖然無法斷定實際上需要塗到多厚才具有成效，但根據過去經驗，的確有在施工後居住者具體感受到室內空氣品質有所改善的案例。

室外塗裝的必備性能

室外的塗裝，因為最大的目的在於保護基底，所以比起室內塗料更需要具備耐用性。一般習慣使用的是，能對抗氣候變化、又十分耐用的有機類溶劑。室外的塗裝雖然不會直接影響室內空氣，但其汙染物質卻會隨戶外空氣四處飄散，再隨著雨水流入土壤，破壞環境。

不論室內或室外，最好都能使用自然塗料。最近，市面上也見得到外部用的自然塗料，以及促使木材氧化對抗腐朽菌的木材專用保養塗料。　　〔落合伸光〕

■圖1　塗裝具備的功能

塗裝的主要目的
①保護基底，提高耐用性
②裝飾上的美感
③附加特殊機能

現在，具備①與②的功能是理所當然的，特別受到關注的是③的功能

遮熱性

耐熱性

耐水性

耐汙染性

隔熱性

抗菌性

■圖2　塗料的選擇考量

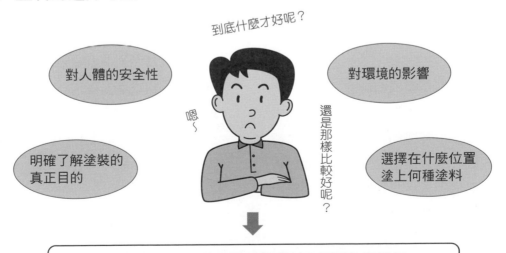

到底什麼才好呢？

對人體的安全性

對環境的影響

嗯～

還是那樣比較好呢？

明確了解塗裝的真正目的

選擇在什麼位置塗上何種塗料

仔細考慮後，可能會發現其實並不需要使用塗料。

046

木材塗料的種類

Point 自然塗料與日本的傳統塗料，都是以自然素材為原料。水性塗料則含有溶劑與添加物。

具有揮發性的合成樹脂塗料，被認為是造成病態建築症候群的主要原因。如果不想使用揮發性的塗料，還有一般被稱為「環保塗料」的下列三種選擇。

水性塗料

以水為基材的合成樹脂塗料，最近在市面上出現了許多種類。塗布完工後的乾燥速度快，施工便利。耐用性也是本篇提到的三種塗料中表現最好的。雖然和油性塗料相比氣味較淡，不過仍然含有溶劑與添加物（圖①）。由於日本法令中對於甲醛以外的揮發性有機化合物並未限制含量*，所以使用時需要特別注意。

自然塗料

自然塗料並沒有明確的定義。我認為不妨理解為「以不含石化成分的自然素材為主要成分所製成的塗料」。自然塗料的主要成分，包含亞麻仁油、紅花油、葵花油、松節油等天然植物油，顏料則使用土與礦物等無機顏料（圖②）。

被譽為環保大國的德國，製造出許多有名的自然塗料，例如「Livos（莉芙蒜）」、「AURO」、「OSMO（歐斯蒙）」、「Braemar」等。近年來，日本也開發了國產的自然塗料「XION」。

日本的傳統塗料

最具代表性的是，近年來重獲青睞的柿澀與拭漆等。在合成樹脂普及之前，這些塗料也使用於建築上。

柿澀是將還未成熟的澀柿摘下、榨汁、發酵後所得的成品。拭漆是在木器上反覆塗抹、擦拭漆樹樹液的技法（圖③）。

自然塗料與日本的傳統塗料，原料皆為自然素材。兩者與同由自然素材製成的實木材搭配起來十分相襯，能有效發揮彼此的特性。　　　　　〔落合伸光〕

譯注：
*台灣的《室內空氣品質管理法》則對於甲醛、和總揮發性有機化合物（TVOC，共包含12種化合物之總和）訂定了室內空氣品質標準值。

■圖　環保塗料的種類

①水性塗料

水　＋　溶劑添加物　➡　水性塗料

②自然塗料

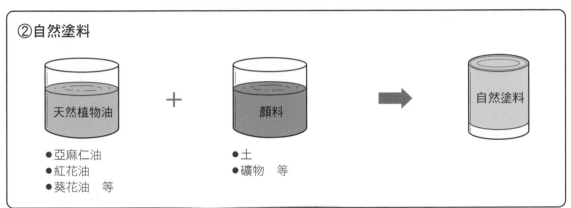

天然植物油　＋　顏料　➡　自然塗料

- ●亞麻仁油
- ●紅花油
- ●葵花油　等

- ●土
- ●礦物　等

③日本的傳統塗料
■柿澀

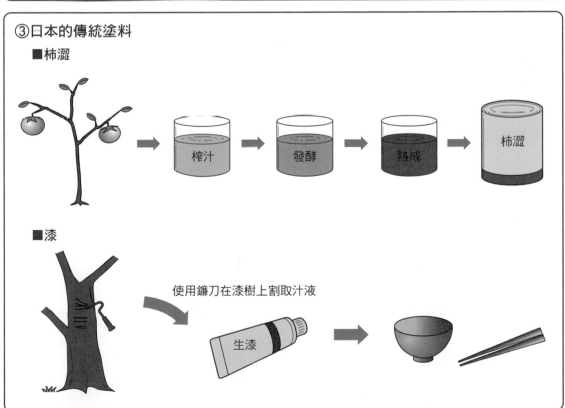

榨汁　➡　發酵　➡　熟成　➡　柿澀

■漆

使用鐮刀在漆樹上割取汁液

生漆　➡

047

水性塗料

Point 水性塗料比自然塗料便宜，又比石化類塗料環保。

水性塗料的特點

一般來說，塗料的成分包括：構成塗膜的合成樹脂（如丙烯酸、氨基甲酸乙酯）、可溶解混合樹脂且具有揮發性的有機溶劑、顏料添加物、防腐劑、防黴劑等（圖2）。這幾種成分都是化學物質，並非完全無害。

水性塗料不使用有機溶劑，是非溶劑型（乳膠）塗料。它改用乳化劑（界面活性劑）來取代溶劑，以溶解塗料成分。比起油性塗料，這種水性塗料因為不含甲醛，所以揮發性有機化合物少了六成至九成，對施工業者及居住者的健康較無負擔，同時也較為環保（圖1）。也因此，又被稱為「環保塗料」，近年在市面上出現了不少商品。

相較於油性塗料，水性塗料幾乎沒有臭味。比起傳統塗料，也沒有引發火災的危險，提高了施工時的安全性。最近，也相繼開發出完全不含揮發性有機化合物的水性塗料，價格上也較自然塗料來得便宜（圖3）。

水性塗料的爭議點

當水性塗料中的水分揮發後，合成樹脂就會形成塗膜。不過這層塗膜卻會阻礙實木材呼吸，也會破壞素樸的質感。

因為水性塗料是由合成樹脂及添加物等化學物質製造而成，廢棄時會汙染土壤及河川，對整個地球環境而言不具備循環性。而且，這些化學物質含有環境賀爾蒙，可能致使生物的內分泌系統失調，這也是長久以來的問題（圖3）。

只使用在必要的部位

由上可知，選用水性塗料並不合乎自然住宅的概念。因此，不可貿然使用，而應只在必要的部位進行塗裝。此外，也必須取得物質安全資料表（MSDS）等資料進行評估。　　　　　　〔落合伸光〕

■圖1　何謂水性塗料

滾筒刷　　　　　　　水分蒸發　　　　　　　硬化

水

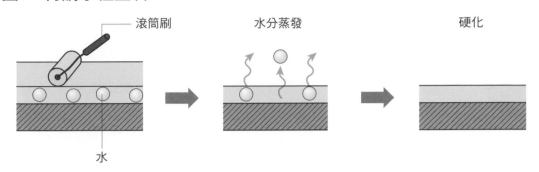

■圖2　水性塗料的主要成分

化學物質　　　　　　　　僅占幾%！

| 丙烯酸 | 乳化劑 | 有機溶劑 |
| 氨基甲酸乙酯 | 防黴劑 | 顏料等 |

顏料等

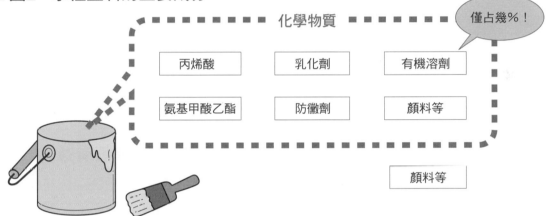

■圖3　水性塗料的優缺點

優點
●價格便宜
●比油性塗料安全

缺點
●阻礙實木材呼吸
●仍具有環境賀爾蒙的危險性

水性塗料

自然塗料

●價格高昂

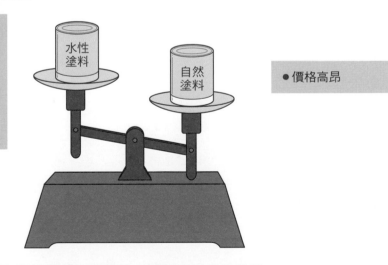

應取得物質安全資料表，確認成分及風險性。
也可以進一步諮詢專家意見。

048

自然塗料的功能

Point 自然塗料耐用性低、手續多且需時長，但不會對健康帶來負擔。

自然塗料的耐用性

塗料的主要目的有保護基底、裝飾上的美觀（參照第106頁）。因此，塗料的塗膜部分必須具備耐水性、耐熱性、耐汙染性等耐用功能。那麼，自然塗料的耐用性又是如何呢？

相較於一般合板類地板材所使用的聚氨酯樹酯塗料，自然塗料的耐用性明顯偏低。在流理衛浴等更需要防水機能的部位，還需塗上一層天然蠟。自然塗料只有短短數年的保護作用，無法與聚氨酯類這種近乎半永久性的耐用材料相比。而且，如同其他自然材料，某種程度上也需要自行維護保養，如果沒有這層理解、且能樂在其中的話，使用起來就可能會遇到許多障礙或挫折。

自然塗料的概念

自然塗料在德國的誕生，其實是源自於母親們的願望：她們起初只是希望孩子們可能會放在嘴裡又咬又啃的玩具，塗上的是無毒的塗料（圖2）。而這也明白傳達了自然塗料的概念：塗料的成膜性一開始就不是追求的重點。所以，將自然塗料用於建築時，也不應只以耐用性來判斷品質的高低好壞。或許也可以說，塗膜以外的部分，例如安全性等，才是自然塗料最重要的作用。

對施工者與居住者皆有益

自然塗料最大的優點是，很少造成室內空氣的汙染，不會對施工者與居住者的健康造成負擔。而且塗上自然塗料的材料，在廢棄時幾乎不會產生有毒氣體。屋主也可以自己動手進行塗裝，維護保養上也不困難（圖1左）。

自然塗料的缺點則是，比起油性塗料需要較長的乾燥時間，最快也需要半天到一天。再者，施工時使用過的廢布料和毛刷有自燃的危險，丟棄時必須特別小心處理（圖1右）。　　　　〔落合伸光〕

■圖1　自然塗料的特徵

優點

很少造成空氣汙染

不會對施工者與居住者的
健康造成負擔

對環境無害

塗裝與維護保養都可以自己來

缺點

乾燥時間最快也需要
半天到一天

得特別小心處理使用
過的毛刷與廢布料

■圖2　在德國誕生的自然塗料起初是用在玩具上

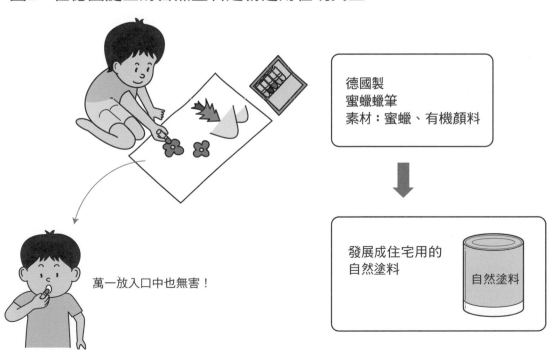

德國製
蜜蠟蠟筆
素材：蜜蠟、有機顏料

發展成住宅用的
自然塗料

自然塗料

萬一放入口中也無害！

049
外國製的自然塗料

 Point 德國是生產自然塗料的大本營。分為天然類溶劑、與石油精製溶劑兩類。

德國的自然塗料

說起自然塗料，很自然地就會與德國畫上等號。德國因為採取積極的環境保護政策而被稱為是環保大國，但其實過去也曾和日本一樣，因為新式建材危害健康而造成社會問題（圖2）。而成分天然的自然塗料，正是為了解決相關疑慮才應運而生。

現在，透過一般的商店、或網路都可輕易取得德國製的自然塗料，以下列舉幾個具代表性的塗料：

- Osmo（歐斯蒙）：在成分比例上減少溶劑、提高顏料，減少整體使用量。價格較經濟實惠。
- AURO：種植原料時未使用農藥及肥料。
- Livos（莉芙蕬）：採用有機農法栽種原料。
- Braemar：成分標示明確，價格比較便宜。

這些都是知名的自然塗料，但各家廠商對於成分公開的程度還是各有不同立場。建議消費者不要一味相信所謂的「自然塗料」，最好還是向各家廠商索取產品成分來參考、比較。

差別在於溶劑

各家廠商的主要原料都是使用植物油，例如亞麻仁油、葵花油等。也有廠商採取有機栽培及生產上的管理。各家差別就在於溶劑的不同，大致上可分為天然類溶劑、與石油精製溶劑兩類。

天然類溶劑包括柑橘類油脂中含有的檸檬醛、和松節油。它們雖然都屬於天然成分，但也可能誘發過敏反應。相對地，石油精製的溶劑則是異烷烴（圖1）。這兩者的不同在於氣味上細微的差異。

建議先進行樣本測試

建議先將自然塗料塗抹在實木材上製成樣本，然後請居住者進行氣味等測試（參照第129頁），以確認是否使用。切勿輕信所有號稱是「自然塗料」的產品。

〔落合伸光〕

■圖1　自然塗料的成分

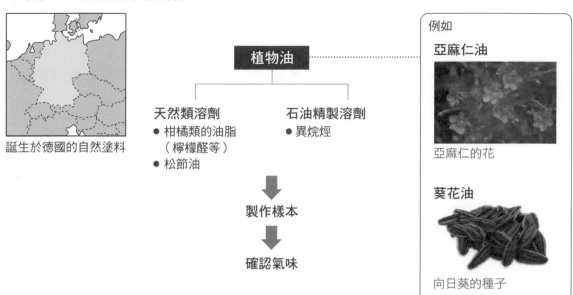

誕生於德國的自然塗料

植物油

天然類溶劑
● 柑橘類的油脂
　（檸檬醛等）
● 松節油

石油精製溶劑
● 異烷烴

↓

製作樣本

↓

確認氣味

例如

亞麻仁油

亞麻仁的花

葵花油

向日葵的種子

■圖2　塗料對環境造成的影響

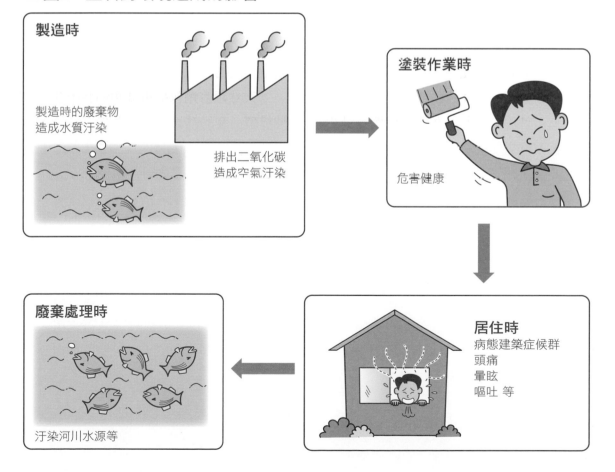

製造時

製造時的廢棄物
造成水質汙染

排出二氧化碳
造成空氣汙染

塗裝作業時

危害健康

廢棄處理時

汙染河川水源等

居住時
病態建築症候群
頭痛
暈眩
嘔吐　等

050

日本國產自然塗料

Point 自然塗料反映了製造地的氣候風土。需要重新審視過去及現有的日本國產塗料。

日本的氣候風土與傳統塗料

近年，德國進口的自然塗料成為市場主流。可是，日本也有柿澀及米糠等優異的傳統塗料（參照第120頁）。

柿澀含有單寧成分，具有防腐、抗菌的效果，是因應日本潮溼易發黴的氣候而誕生的塗料。而米糠原本是做為除汙之用，人們拿它清除地板及柱子汙垢的畫面，是以往日本的日常風景。之所以使用對健康無害的米糠，是因為日本人習慣在家中脫鞋赤腳走路、直接用手碰觸柱子及牆壁。可見住宅的素材與工法，與當地的氣候風土有密切關聯。

德國的塗料並不是最佳選擇？

德國幾乎等同於自然塗料的代名詞。但由於緯度高、氣候乾冷，又不像日本擁有赤足的文化，所以，儘管德國的自然塗料品質優異，但或許未必是最適合日本氣候的產品。而且，外國產的塗料在運用過程中也會耗費能源，排放二氧化碳，因此就算是環保的自然塗料，仍不免會造成環境的負擔。

優秀的日本國產塗料

近幾年來，日本也開始著手開發自然塗料。其中最具代表性的「XION」品牌（圖），生產出不使用溶劑的水性塗料，比起進口的自然塗料，不僅較無臭味，乾燥時間也稍短。不同於其他的自然塗料，「XION」完全不使用間苯二甲酸等由石油精製而成的溶劑，所以幾乎沒有異味。而且最大的不同點是，「XION」更加追求百分百使用自然素材（表）。

再者，國產塗料的好處之一在於，製造廠商就在國內，消費者容易提出改善的意見與要求，廠商也能快速做出回應。從這一點看來，也讓人期待市面上能出現更多的國產自然塗料。　　〔落合伸光〕

■圖　推薦的日本國產自然塗料

水性

水性木器塗料（XION）

油性

油性木器塗料（XION）

其他
- 柿澀
- 生漆
- 木蠟
- 蜜蠟
- 米糠

日本的
傳統塗料

世界上少見的
水性自然塗料

室外木板專家
（XION室外用）

■表　日本製「XION」與德國製自然塗料的成分比較

	日本製（XION／水性塗料）	德國製（Livos／油性塗料）
主要成分	●明膠　　●羅漢柏油　　●羅漢柏水 ●亞麻仁油　●紅花油　　●菜籽油 ●桐油　　　●米油	●亞麻仁油　　●亞麻仁熟油 ●橄欖油　　　●日本落葉松樹脂 ●巴西棕櫚蠟　●珪藻土　　●蜜蠟　等
顏料	●赤鐵氧化物（紅色系、黃色系）	●靛藍　　　　●礦物類顏料 ●植物色素　　●茜草根　　●葉綠系
溶劑	無（因為是水性塗料，不含溶劑）	間苯二甲酸（石油精製的溶劑）

在溼度高的日本，德國塗料需要多一點時間才會乾燥。特別是用於室外時，不易成膜的德國塗料或許未必最適用於多雨的日本。

051

自然塗料的塗刷方法

Point 薄塗上少量的塗料，並均勻刷開。當木材纖維因塗料乾燥而變得明顯時，可用砂紙加以磨平。

不論是自然塗料還是石油類塗料，基本上塗刷方式都大同小異。

事前準備

需要準備的工具與材料如下（圖上）：

・自然塗料　　・毛刷　　・培克刷
・足夠的布（廢布料）・海綿
・手套　　　　・報紙

①清潔表面髒汙：最好能使用乾布。也可使用完全擰乾的抹布，只是若有水分殘留在表面上，之後可能會滲透到塗料裡而形成表面的斑點。即使清潔後表面上仍留有些許雜質，但塗上塗料後就不致太明顯，所以不必太過擔心。不平整的地方可用砂紙磨平。

②不需塗刷的地方，可貼上遮蔽用膠帶加以保護。窗框部分如果不小心沾到塗料，陽光一照就會很明顯，施工時需特別小心。

塗刷方法

①沿著紋理，薄薄地塗上少量塗料、並用毛刷均勻刷開。這樣一來，就不會塗得太厚而需要另外用布擦拭。

②如果塗得太厚，表面會出現水滴，這時要將水滴擦拭乾淨。塗上過多塗料時，可以使用未沾上塗料的乾淨刷子，沿著紋理將多餘的塗料均勻推開。全部塗上一層塗料並且等其乾燥後，木材的纖維會變得比較明顯，可以使用砂紙加以磨平。這道程序會讓完工的成果更加美觀。

③等表面完全乾燥之後，再塗上第二層（圖下）。

乾燥時間・廢布的處理

塗料的乾燥時間雖然會隨著塗料種類與氣候條件的不同而有所差異，不過一般來說，第一層塗料大概需要1天左右才會完全乾燥。如果有疑慮的話，可以先試塗在木材邊緣，或是詢問塗料廠商。

沾上塗料的毛刷與廢布料因為有自燃的危險，所以丟棄前要先泡在水裡充分浸溼後，再當成可燃垃圾處理。過去曾發生不少類似意外，務必要特別留意。

〔落合伸光〕

■圖　自然塗料的塗刷方法

準備的工具及材料

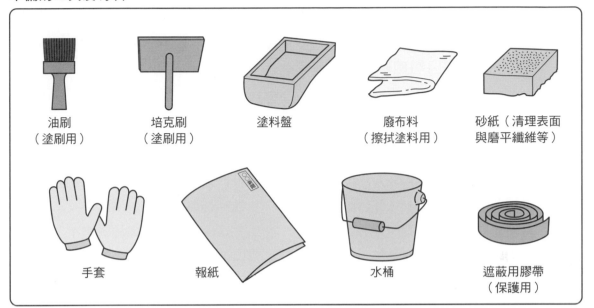

油刷
（塗刷用）

培克刷
（塗刷用）

塗料盤

廢布料
（擦拭塗料用）

砂紙（清理表面
與磨平纖維等）

手套

報紙

水桶

遮蔽用膠帶
（保護用）

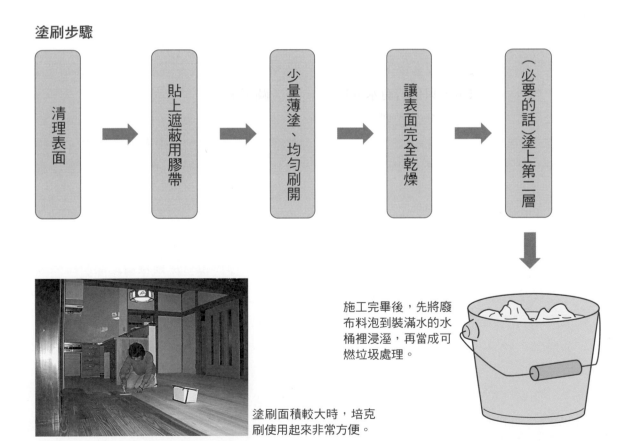

塗刷步驟

清理表面 → 貼上遮蔽用膠帶 → 少量薄塗、均勻刷開 → 讓表面完全乾燥 → （必要的話）塗上第二層

施工完畢後，先將廢布料泡到裝滿水的水桶裡浸溼，再當成可燃垃圾處理。

塗刷面積較大時，培克刷使用起來非常方便。

052
什麼是柿澀

 Point 柿澀的氣味讓人敬而遠之，但具備防水、防腐、防蟲的效果，是很好的自然塗料。

柿澀是什麼

柿澀是日本以往家家戶戶會在自家屋簷下進行製作的傳統塗料。不僅耐水、防腐、有上色功能之外，還有補強素材的效果。過去也被廣泛運用在各種生活器具上，舉凡漁網、船底、木材、和紙、紙傘皆是。不過，當清漆與木漆等使用方便、易於施工的合成樹脂塗料日漸普及之後，人們就幾乎不再使用柿澀了。但是，隨著近來環保意識的提升，柿澀又再度受到人們關注。

柿澀的原料，是京都、奈良一帶的豆柿、天王柿、山柿等澀柿。尚未成熟的澀柿單寧含量高，且澀味最重，可在此階段進行採收，並於採收當天即進行粉碎壓榨，再過濾汁液，使它自然發酵。等雜質沉澱後，浮在上層的澄澈液體就是柿澀。柿澀完全熟成要花費1年以上的時間，而且時間愈長品質愈好（圖1）。

柿澀的有效成分與茶和紅酒的澀味一樣，都是來自於單寧。這種成分是一種多酚，能保護果實不受害蟲及氣候影響，具有防水、防腐、防蟲的效果（圖2）。柿澀不含任何化學添加物，除了可用在住宅的內外裝修材料外，也可用在家具上。

塗刷柿澀時可直接沾取原液塗上，如果黏性太高也可加水稀釋。乾燥之後，會隨著時間推移變成帶有光澤、優雅的深咖啡色。應注意的是，塗刷之後無法立即確認顏色，要等到幾天後才能確定真正的顏色是什麼。

氣味與保養

柿澀讓人敬而遠之的原因在於，它和銀杏樹一樣會散發出一股獨特的氣味。雖然塗刷後1個月氣味幾乎就會消失，但如果還是在意，內裝材料也可以使用經過精製的無臭柿澀。

戶外木平台等外裝材料部分，畢竟品質劣化得比較快，因此可以使用混有赤鐵氧化物、或松煤（松樹燃燒後所凝成的墨色灰屑）等顏料的柿澀反覆塗上幾層，並且大約每1～2年定期補塗保養（圖3）。雖然柿澀的耐用性不高，但是觀賞柿澀的色澤變化與動手保養的過程，都能帶給人們樂趣。 〔落合伸光〕

■圖1　主要的柿澀原料與柿澀的製作過程

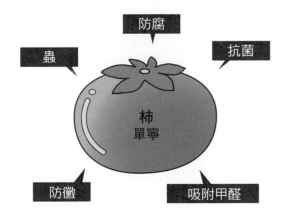

豆柿

天王柿

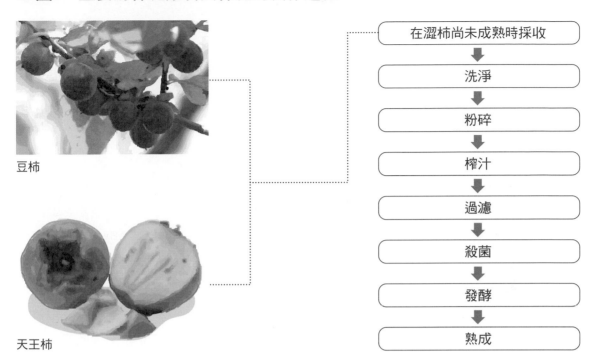

在澀柿尚未成熟時採收

↓

洗淨

↓

粉碎

↓

榨汁

↓

過濾

↓

殺菌

↓

發酵

↓

熟成

■圖2　柿澀的功效

防腐

蟲

抗菌

柿
單寧

防黴

吸附甲醛

單寧
多酚的一種。澀柿含有的單寧成分能
吸附、分解甲醛，適合患有病態建築
症候群的屋主。

■圖3　在外裝材上塗抹柿澀時

（讓木紋更加鮮明）

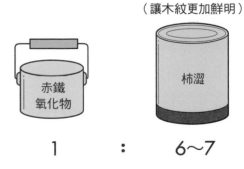

赤鐵
氧化物

柿澀

1　　　　：　　　　6～7

與柿澀原液混合後再塗抹，
可以提高耐用性。

大約每1～2年補塗一次。

053
柿澀的塗刷方法

 Point 近來柿澀已容易取得。因為耐用性與耐氣候性不足,所以必須加以維護保養。

準備的工具及材料

- 柿澀 ・毛刷 ・橡膠手套
- 事先準備好的自來水(稀釋用)
- 足夠的布料(廢布料)
- 報紙(作業時可鋪在下方)
- 砂紙(300號以上)

柿澀的施工步驟

① **清理表面**:表面是木頭時,首先用布完整地擦拭一遍,帶走表面髒汙後,接著用細砂紙磨平。為了讓木粉碎屑不殘留在表面,之後再用布擦拭一次。為了使塗刷後的表面平整均勻,清理表面的工作得確實進行。

② **事前準備**:使用遮蔽用膠帶或塑膠布,將不打算塗刷的部位及釘子封起來加以保護(釘子等鐵製品碰到柿澀會起化學反應而變黑,保險起見最好也用膠帶將釘子封起來)。

③ **稀釋柿澀原液**:柿澀原液若是濃度太高,會變硬而難以塗勻,所以建議以1:1的比例加水稀釋。雖然也可以直接使用原液,但是使用加水稀釋過的柿澀來進行反覆塗刷,完工後的表面會比較均勻美觀。

④ **實際塗刷**:使用毛刷或廢布料,沿著木材紋理往一定方向進行塗刷,過程中要用布擦去表面的氣泡與不均勻的地方。

⑤ **反覆塗刷**:要等到前一層完全乾燥之後才能再行塗刷。如果是新手的話,比起一次大量塗刷,建議先薄塗一層,等乾燥後再薄塗一層,重覆進行這項動作,完成後的效果會比較好(圖)。

維護保養很重要

最近,在日本柿澀已能透過網路輕鬆購買,相當容易取得。但是,正因為柿澀是自然塗料,耐用性與耐氣候性難免顯得不足。

將柿澀塗刷在室內地板等時常磨損的部位時,最好能多塗上一層天然蠟做為保護。而且,雖然柿澀有一定的防水性,但它同時也是水溶性的。柿澀使用於室外時,也會出現部分被雨水沖刷脫落的情形,因此務必要定期補塗。

〔落合伸光〕

■圖　柿澀的塗刷過程

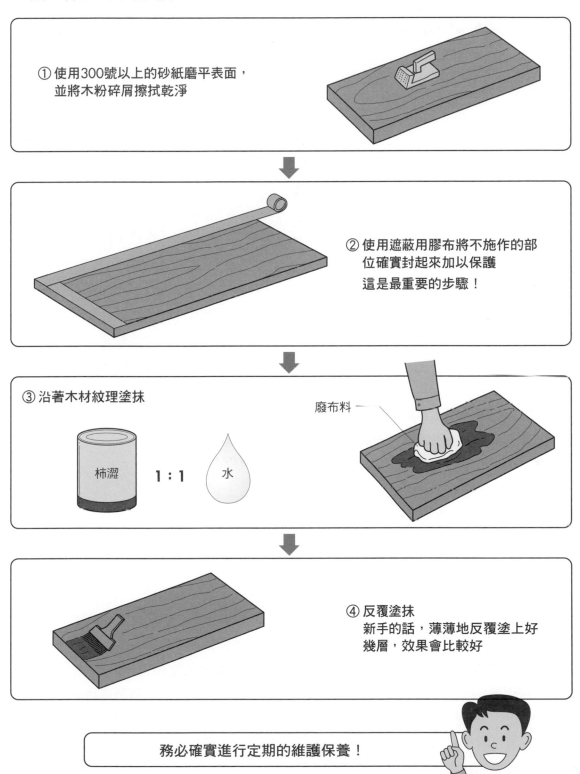

① 使用300號以上的砂紙磨平表面，
　並將木粉碎屑擦拭乾淨

② 使用遮蔽用膠布將不施作的部
　位確實封起來加以保護
　這是最重要的步驟！

③ 沿著木材紋理塗抹

柿澀　1：1　水

廢布料

④ 反覆塗抹
　新手的話，薄薄地反覆塗上好
　幾層，效果會比較好

務必確實進行定期的維護保養！

054
什麼是拭漆

 Point 拭漆是一種耐熱、耐水的優質漆藝技法。紫外線及乾燥是其大敵，需特別留意。

日本傳統的環保塗料

從漆樹取得的樹液，人們稱之為「漆」（圖1）。漆是日本傳統的天然樹脂，主要用於碗、筷、餐具托盤等漆器，家具、佛壇等日常生活用品，佛寺神社的樑柱也可見漆藝的蹤影，使用範圍相當廣泛（圖2）。另外，漆也常被拿來當成是修補破損陶器、或黏貼金箔時的接著劑使用。

漆藝的技法，除了本篇介紹的拭漆之外，還有以漆液描繪出圖樣、並趁漆液未乾時灑上金粉或銀粉的「蒔繪」；在基底面塗上漆液，等它完全乾燥後，再以刀具雕出刻痕並鑲入金粉的「沈金」；以及在漆面上鑲入經過裁切的貝殼的「螺鈿」等（圖3）。

漆雖然是日本傳統的環保塗料，但是現在日本國內的產量稀少，大多是從中國及其他國家進口。

拭漆的技法

拭漆是以毛刷沾取漆液塗刷在木材上，然後用布料（廢布料等）拭去，如此反覆進行數回，使木材紋理更加鮮明的一種技法。雖然拭漆作業很花時間，但是能夠增添紋理的色澤與美感，漆面也會呈現優雅的深咖啡色，別具風情。

相對於油性自然塗料會滲透至素材中，拭漆的做法則會在素材面形成塗膜，具有保護木材的效用。拭漆不僅耐熱、耐水，也有抗菌與防腐的功能。

近年來，興建住家時多將拭漆活用在櫃檯、地板、大黑柱等部位。另外，因為漆本身耐水、耐磨，也很適合用在廚房的調理吧檯。

使用上的注意事項

施作前的塗面清理，必須使木材表面平整光滑。由於漆液乾燥得快，而且一乾燥就會變硬，所以作業時要求迅速俐落的手法。另外，漆液含有可能使人過敏的漆酚，因此沾到皮膚可能會造成發炎紅腫，這點需要特別注意。

漆在抵抗紫外線與乾燥上的能力較弱，會因此褪色，在極乾燥地區也可能會發生破裂現象，所以在使用上必須考慮到場所及氣候條件。　　　　〔落合伸光〕

■ 圖1　漆液從採取到精製的過程

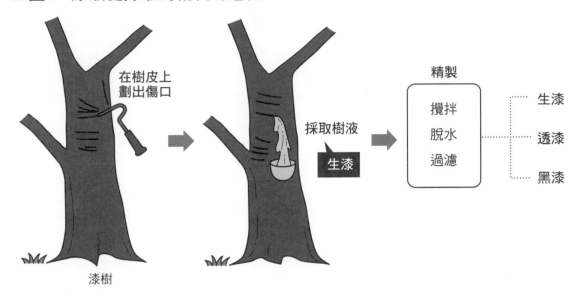

在樹皮上
劃出傷口

採取樹液

生漆

精製

攪拌
脫水
過濾

生漆

透漆

黑漆

漆樹

■ 圖2　應用在傳統工藝・傳統建築的漆藝

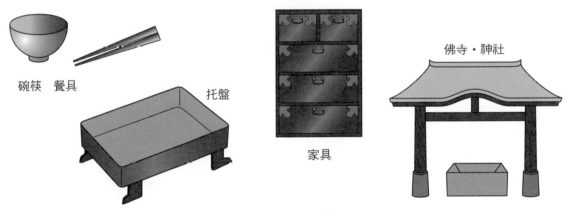

碗筷　餐具

托盤

家具

佛寺・神社

■ 圖3　變化多端的技法

蒔繪

沈金

螺鈿

055

拭漆的塗刷方法

 Point 拭漆會隨著反覆上漆的次數而增添質感與深度。為了完工後的美感，務必要先確實做好塗面清理的工作。

準備的工具與材料

· 精製漆　　· 松節油
· 毛刷　　　· 橡膠手套
· 足夠的布料（廢布料）
· 報紙（作業時可以鋪在下方）
· 加溼器（冬天溼度較低時必備）
· 乳液與凡士林（過敏防護）

拭漆的步驟

①**塗面清理**：由於刮痕、髒汙、或是翹起的木屑都會減損完工後的美感，務必要仔細進行塗面清理。先用刨刀在塗面上削刨，再以砂紙細磨，直到表面光滑平整。接著，再用徹底擰乾的溼布拭去殘留的木屑。漆液只要一碰到水就會開始硬化，所以必須做好施工場所的溼度管理，將溼度控制在70%～80%之間。

②**上漆（第一層）**：首先，將松節油與漆液以1：1的比例進行稀釋，使用毛刷上漆。在這個階段，木材只是將漆液吸至內部，外表還看不出光澤。

③**乾燥·用布料擦拭**：塗上漆液之後就用布料充分擦拭，再等它乾燥。溼度高的話，大概只需要半天就會乾燥；但若是在溫度20℃、溼度80%左右的環境中，大概要花上一天表面才會完全乾燥。

④**上漆（第二層以後）**：使用濃度較高的漆液反覆進行上漆、擦拭、乾燥的相同步驟。大概重覆了3～4次後，表面就會形成塗膜而透出光澤，同時具備耐水性。如果想要追求更有深度的優美質感，需要重覆7～8次（圖）。

實際嘗試塗刷

準備工具的時候，購買新手體驗組（包含軟管包裝的漆、松節油等）比較方便。最近，在日本的網路上也可以買得到。

起初不妨先試著從架子等小面積的部位開始塗刷，以慢慢找到手感。雖然塗刷時可能會因為碰觸到漆液而引發過敏，不過也能體會到變身為漆藝職人的快感。

〔落合伸光〕

■圖　拭漆的塗刷方法

事前準備

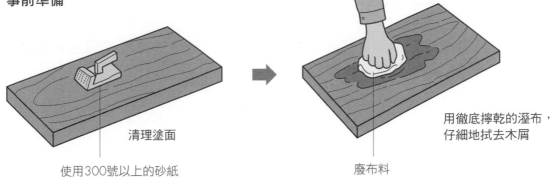

清理塗面

使用300號以上的砂紙

用徹底擰乾的溼布，
仔細地拭去木屑

廢布料

上漆的方法

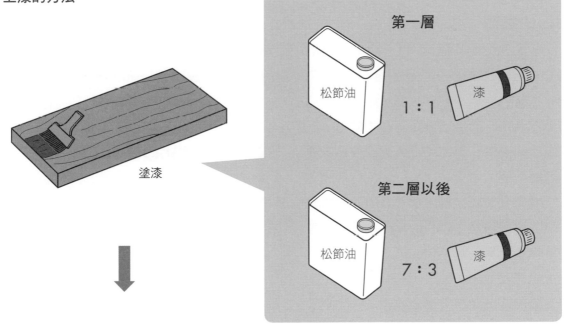

塗漆

第一層

松節油　1：1　漆

第二層以後

松節油　7：3　漆

塗上漆液後使用
布料擦乾

• •　重覆進行7～8次

056

妥善運用自然塗料

Point 切勿過度信任自然塗料。應注意到它也會產生微量揮發性有機化合物，且使用後的廢布料也可能自燃。

　　自然塗料在安全及環保的考量上，都比油性塗料要來得優異。不過，這幾年也陸續證實了，在使用上仍有一些應特別注意的事項。

甲醛的逸散

　　塗面在乾燥的過程中，自然塗料中的植物油有某些成分會產生化學反應，而生成原本材料中所不包含的微量甲醛，並逸散至空氣中。而且，許多人都不知道，其實家中的家具和日常用品每天也都默默地揮發出甲醛。

　　考慮到實際狀況，儘管日本厚生勞動省已將塗刷自然塗料後的室內甲醛基準量往下修正（圖1），但在施工後的4～5天內，仍應特別注意通風換氣（圖2）。當然，施工時就該保持通風狀態。

自燃的可能性

　　自然塗料是藉由內含的植物油來吸收空氣中的氧氣、進行氧化反應，以達到乾燥的效果。而在乾燥過程中產生的微量氧化熱，則可能引燃火勢。

　　特別是，用來擦拭塗料的廢布料可能會發生自燃意外，不可不小心防範。像是在炎熱的夏天施工，或是將使用過的廢布料直接扔成一團、沒有攤平，要是剛好符合這些條件，引發火災的機率就非常高。沾上塗料、用畢的廢布料一定要丟入裝滿水的金屬製水桶內，放置整整一天後，再當成可燃垃圾丟棄處理（圖3）。

過敏反應測試的重要性

　　德國製的自然塗料，根據溶劑成分的不同，如柑橘類的檸檬烯、或是石油精製而成的異烷烴等，各有特殊的氣味。所以儘管是安全性較高的自然塗料，也可能會有人在施工時因氣味而感到不適；要是屋主患有過敏那就更糟糕了。所以絕對要預先進行氣味確認、或局部試塗等反應試驗（圖2）。　　　　　　〔落合伸光〕

■圖1　甲醛的影響及相關規範

甲醛濃度
日本厚生勞動省標準值*
室內13℃時在0.08ppm以下

◄►

甲醛的影響與濃度	
異味	—— 0.05-0.1 ppm
造成眼、鼻刺激	—— 2-3 ppm
大量流淚	—— 10-21 ppm
生命危險	—— 31-50 ppm
死亡	—— 51-104 ppm

■圖2　自然塗料的注意事項

就算是自然塗料也不能完全放心，
需要從各種不同角度進行確認。

通風換氣

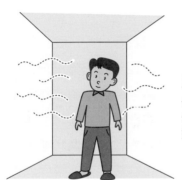

局部試塗
使用塗料進行小部
分試塗，確認有無
過敏反應。

氣味確認

自然塗料

■圖3　自然塗料的自燃示意圖

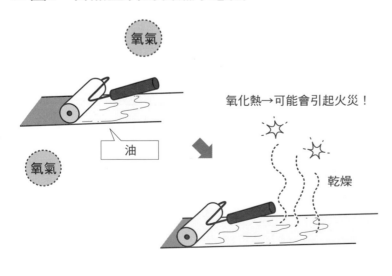

氧氣

油

氧氣

氧化熱→可能會引起火災！

乾燥

為了防範火災意外發生，
用畢的廢布料需浸水處理

金屬製水桶

譯注：
＊依台灣環保署公布之室內空氣標準值，甲醛的一小時值應為0.08ppm。

057
自建住宅的好處

Point 自建住宅不僅能壓低費用，增進對住宅的認識，也能深化住宅與家人之間的連結。

踏出自建住宅的第一步

所謂「自建住宅」，指的是屋主本身參與住宅整體、或部分的興建工程。雖然自建原木屋的例子不在少數，不過倒是很少有屋主從一開始就參與整體住家的興建。

首先，可以先嘗試在新居的牆壁及地板材上進行塗料的施作工程。如果想再多點挑戰的話，也能嘗試替換地板材等相對而言難易度較低、小面積的自建工程。

自建住宅能發揮以下幾點效果：
①能壓低費用。
②由於是屋主親手建造，對住宅會投注更多感情，因而也會更積極進行日常維護。
③更能掌握建材及住宅本身的性能，日後維護也比較容易。
④若是由家人一起參與興建住宅，還能在施工過程中加深彼此的羈絆，共享成就感（圖1）。

我們常可見到這樣的狀況：起初聆聽建築業者說明時，還有點膽怯、不敢動手的一家人，隨著在施工過程中慢慢熟悉、找到手感，到最後大人和小孩都樂在其中，盡興地施展身手。對家人來說，第④點的效果也許是最重要的。

也可嘗試自行改裝

比起參與全新住宅的興建，更加簡單的是自己動手改裝。例如單純在牆壁塗上珪藻土、或黏土質感的自然塗料，其實出乎意料地簡單。若想自行改裝，首先可以從廁所、玄關、小孩房等處的牆壁或天花板這類小面積的空間開始嘗試。如果原有的牆壁基底很堅固，也可直接在壁紙上施作（圖2）。

不過，一般DIY居家修繕用品零售店所販賣的塗料因為偏重施工的便利性，所以黏著成分較多，這麼一來反而會妨礙基底的吸溼放溼性能。建議最好先諮詢過自然住宅的專家，以選擇適合的塗料。

〔落合伸光〕

■圖1　自建住宅的好處

增進對住宅的情感

有助於對住宅的認識

壓低費用

在過程中加深家人間的羈絆

這應該是最棒的效果了！

因為是自行施作，動手維護也不困難

■圖2　「自行改裝」牆壁塗刷的建議部位

①廁所
②玄關
③小孩房

如果牆壁基底很堅固，也可直接在壁紙上施作。
從小空間開始，慢慢熟悉、找到手感。

058

維護保養的頻率

 Point 自然住宅在維護上也能不假他人之手。只要細心呵護住家，便可延長居住期間。

透過維護，培養惜物之心

所有物品都會在日常生活中積累汙垢，品質慢慢劣化，終有一天會變得無法使用，屆臨壽命的盡頭。

但是，隨著使用及維護方式的不同，使用壽命的長短也有所差異。盡可能地悉心呵護物品，期望能長久使用下去，這應該是每個人共同的想法吧。我期望的不是物品因日常生活的使用而變得汙損，而是物品儘管外表不再新穎，卻能呈現出經時間淬煉的美感。

住宅的維護保養，有時必須借助專家的力量。但是，使用安全性高的自然塗料的部位，居住者也可自行動手維護。

塗料何時需進行補塗，依品牌、種類、及使用場所而有所不同。雖然並沒有一個確切的年數，但一般來說，大約室內每2～3年進行1層、室外每3～5年進行2層的補塗保養（圖）。

室內保養

其實，室內部分只要平日進行簡單的維護保養，就不太需要特地進行補塗。

簡單的保養方式，只要使用天然蠟（蜜蠟或木蠟）來清潔及提高光澤度，或是用沾了油的布料擦拭即可。平時會碰到水的地方也同樣可以用沾油布料及蠟來擦拭。

過去，人們習慣每年用油塗抹一次室內地板，儘管沒有其他特別的保養，但大約過了7年後，地板就會變得十分光鮮潤澤。

室外保養

室外部分，劣化程度則因是否經陽光直射、是否經雨水沖刷、以及垂直部位（牆壁等）與水平部位（戶外木平台）的分別，而有明顯的差異。所以得仔細觀察各部位的狀態，並進行適當的保養。

〔落合伸光〕

■圖　不同部位的保養頻率及注意事項

廚房
平時會碰到水的木製廚房設備及
地板，約半年塗上1次天然蠟。

洗臉台
與廚房相同，木材部分與地板
約半年塗上1次天然蠟。

浴室
只要使用後保持良好通風，就不
必擔心發黴，也不需要補塗或塗
蠟。

起居室
因為面積較大，約每2～3年補塗1次自然塗料。

廁所
因為是用水區域，約每半年塗上1次天然蠟。

室外木材部分
約每3～5年補塗上2～3層的室外用自然塗料。

> 實木材與生俱來的質感，讓人光是
> 欣賞就感到十分愉悅。平時記得將
> 水分擦拭乾淨，並在汙垢變得明顯
> 前使用自然塗料進行維護。

059

土牆的功效

Point 土牆擁有良好隔熱性能，適合高溫潮溼的日本，同時也是能創造豐富表情的環保建材。

變化多端的泥作工程

今日的牆壁工程已普遍採用乾式工法，因此提到建築上需進行泥作工程的部分，一般人可能只會想到張貼磁磚、玄關地面、磚塊堆疊等。其實，泥作工程原本就是一種在表現上變化多端的工法，例如：灰泥牆、土牆、聚樂牆[1]、海鼠牆[2]等（圖1），擁有眾多豐富的樣貌。

泥作工程也被用來呈現藝術美感，以伊豆長八美術館著名的「鏝繪」為例（圖2），其灰泥雕刻本身即具有相當高的藝術價值，師匠的精湛技巧一覽無遺。

由自然素材構成的土牆

最具有代表性的泥作牆日益偏愛是灰泥牆及土牆。本篇中先介紹土牆，而灰泥牆則留待下一篇。

土牆的主要材料為水與土，然後再混入稻草纖維、砂、以及鹿角菜等天然海藻膠（參照第138頁）。土的黏性愈高，愈容易凝固，但也有容易龜裂的缺點，所以需混入砂或植物纖維，以調整土壤的收縮性能。以往製作土牆基底時，一般會在柱子與柱子間嵌入橫穿板，並在橫穿板之間插入竹網（將細竹片編織成格子狀、並用稻繩或是棕櫚繩綑綁固定）（參照第141頁）。現在，室內牆壁的基底多使用多孔石膏板，外牆則採用在金屬網上直接塗覆水泥砂漿當成基底的工法。

土牆的特徵

土牆原本就是用來做為隔熱材，能創造冬暖夏涼的舒適環境；而且，由於它還是一種會呼吸的機能性素材，也非常適合高溫潮溼的日本。

而且土牆可輕易創造出各種質感樣貌，製作者因而能盡情展現其才能。後面幾篇將會提到的磨光、平梳法、與洗石子等（分別參照第146、160、162頁），都屬於其多元的表現技法。

土牆因為廢棄時可直接回歸大自然，不會造成環境負擔，是符合現下所期待的環保素材（圖1）。近來，由於病態建築症候群的增加、以及人們對自然材料的日益偏愛，土牆又再度受到消費者的矚目。

〔落合伸光〕

譯注：
1.是使用京都出產、著名的本聚樂土而建成的土牆。
2.是指在塗刷了灰黑漆料的牆面上有白色凸稜棋盤格的牆壁，日文中以「海鼠」（即海參）來形容其形狀。

■圖1　泥作牆（土牆）的功效

土牆

灰泥牆

優點
- 具有隔熱效果，冬暖夏涼
- 會呼吸的素材，能調節溼度
- 對人體健康無害的素材，不需擔心甲醛揮發
- 廢棄時能回歸大自然
- 變化多端，富有設計感（聚樂牆、海鼠牆、平梳法、洗石子等）

■圖2　本身即為藝術品的鏝繪

所謂的「鏝繪」，是指泥水工匠使用鏝刀這項工具在灰泥牆上塑造出來的浮雕。過去的鏝繪作品，大多是神社寺廟用來祈福的裝飾，富賈豪商為了彰顯財力而託人在倉庫或壁龕上繪製的象徵，或者是泥水工匠在工作場合為表達謝意而留下的創作。

其中，最有名的是活躍在江戶時代末期的入江長八，以他為首，擁有非凡技藝的泥水師匠們在日本各地留下了許多鏝繪作品。近年來，鏝繪的藝術價值逐漸獲得了高度的肯定。

另外，鏝繪也影響了日本明治時代以後的近代建築風格，例如國會議事堂、明治生命館等建築物都可發現鏝繪的蹤影。

長八美術館

國會議事堂

明治生命館

060 灰泥

灰泥不僅環保、防火性高、表現樣式豐富，也具有抗菌性。

灰泥的今昔發展

從前，灰泥是從歐洲穿越絲路、橫跨大洋，才傳入日本。之後，日本許多城廓與土製倉庫就開始使用灰泥來建築牆壁，可說是一種歷史悠久的建築材料。

做為灰泥主要成分的消石灰（氫氧化鈣），是將石灰岩以高溫煅燒成生石灰，再與水進行反應後形成的物質。在消石灰中摻入麻或稻草等植物纖維、與鹿角菜等海藻膠，進行拌合後所製成的就是灰泥（參照第145頁圖2）。以往，工匠大多依據當地的氣候與牆壁基底面等條件，在工地現場將水與植物纖維混入消石灰，經過微整來製成灰泥。

現在普遍使用的，則是將生石灰加水沸騰所製成的、質地黏稠的生石灰泥。市面上也有先以適當比例加入稻草及海藻膠的灰泥現成調合品，只要加水拌合就可以使用。

有些糊狀的現成調合品為了提高施工的便利性，會添加鹼性樹脂成分。但如此一來就會破壞素材的天然性，所以選購時最好事先確認產品成分。

灰泥的優點

- **對環境友善**：能吸收空氣中的二氧化碳，且歷經百年後，強度會自然增加而還原為石灰岩，可說是具有生命的素材。而且，灰泥所需的材料幾乎都可在日本國內取得，也具有優質的循環性。

- **防火性高**：灰泥被拿來當做防火材料的歷史十分悠久。如崎玉縣川越市的歷史建築、與岐阜縣美濃市的傳統老街（建築物立有樑上短柱）等（圖2），都使用灰泥來防止火勢延燒。

- **表現樣式豐富**：最後修飾表面時，除了一般的鏝刀平壓，還有將牆面抹平、或是帶出紋路等可呈現出不同質感的各種表現樣式。另外，也可以使用赤鐵氧化物、黃赭石、與松煤等來上色。

- **具抗菌性**：灰泥的強鹼性質能抑制黴菌與細菌的繁殖。但若是直接用手觸摸，皮膚也可能變得乾燥粗糙，這點須特別注意（圖1）。　　　　〔落合伸光〕

■圖1　灰泥的優點・缺點

優點

- 防水、不可燃性
- 耐用性
- 防溼
- 除臭
- 抗菌性
  具強鹼性，可抑制黴菌及細菌的繁殖

- 豐富的表現樣式
  鏝刀平壓、將牆面抹平、帶出紋路等，可呈現出豐富的質感

- 循環性
  成分可在日本國內取得

缺點

- 強鹼性
  若直接用手觸摸，皮膚可能變得乾燥粗糙

- 收縮性高、容易龜裂
- 添加鹼性樹脂（就現成調合品而言）
  會揮發有毒物質
  也會阻礙吸收排出的效果

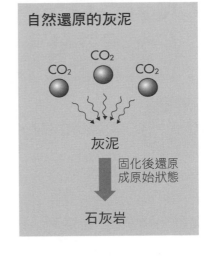

自然還原的灰泥

CO_2　CO_2　CO_2

灰泥

固化後還原
成原始狀態

石灰岩

■圖2　具代表性的傳統老街

川越市　川越歷史建築
「黑」最能代表傳統東京（江戶）人的美學意識，川越也以江戶文化為範本，使用「江戶黑」妝點外牆。

美濃市　建築物立有樑上短柱的傳統老街
整條老街的屋瓦上都設置了防止火災延燒到鄰舍的樑上短柱，具有防火牆的效果。裝飾華美的短柱也是當時誇耀財富的一種方式。

061
灰泥的組成材料
（補強材·骨材）

 Point 灰泥藉由補強材料與骨材，以提高施工的便利性。

灰泥主要的補強材料

　　灰泥屬於柔軟的黏土材質，乾燥之後很容易龜裂。因此，加入骨材及補強材料就顯得非常重要。主要材料如下：

①纖維

　　常用的有麻與稻草等植物纖維，能緩和土壤的收縮程度，防止龜裂與剝離，使灰泥保有一定強度。土牆使用稻草纖維，灰泥使用搗碎的麻纖維（麻絨），而進行磨光修整（參照第140頁）時則是使用紙纖維（圖1）。

　　這些纖維也提高了施工的便利性。在鏝刀的加壓下，施作在牆上的灰泥因纖維而具有彈性，使鏝刀在抹平與推開時更加俐落滑順。

　　紙纖維是將構樹等纖維浸入水中、再用棒子搗碎而成的材料。據說，目前世界上最古老的木造建築物——奈良的法隆寺，也在灰泥中摻入了紙纖維；而以鏝繪聞名的「伊豆的長八」——巨匠入江長八，據說他在進行創作時也在嘴裡含著和紙，並適時將紙摻入灰泥中充當纖維。

②膠材

　　目的在提高灰泥的黏著度與施工的便利性。過去，工匠是將鹿角菜、銀杏草等海藻類煮過的液體拿來當膠材使用（圖2）；但近年來大多是使用粉末狀的鹿角菜膠、甲基纖維素、或化學合成的鹼性樹脂。

③砂

　　在灰泥中加入河川砂石能減少龜裂，並確保強度。不僅容易塗刷，也便於調整塗層的厚度，從而提高了施工的便利性。

④顏料

　　摻入的顏料，可為原本白皙的灰泥增添色彩。例如，有摻入赤鐵氧化物的赤灰泥，也有摻入黃赭石、紅土、或桃山土等各種色土的有色灰泥，還有加入煤煙的黑色灰泥。

　　所謂的黑色灰泥，是將煤煙（燃燒菜籽油所得的煤）、消石灰、和鹿角菜一同浸入酒或油中使其溶解、靜置後所得的黑色黏稠物，在灰泥上薄塗一層後才算完工。在我所居住的川越市，就有一整排塗上黑色灰泥的傳統倉庫。　〔落合伸光〕

■ 圖1 纖維的種類

麻纖維（麻絨）
- 最普遍的原料是日本麻
- 用來摻在灰泥與石膏中
- 以往麻纖維大多取自製作草鞋履帶的剩餘材料，或是捕魚用的地曳網；現在大多取自儲放咖啡豆的麻布袋等

傳統民家的和室

以前是使用麻纖維（麻絨）

稻草纖維
- 粗抹牆使用裁切成5cm左右的稻草纖維，也常使用可製成遮光簾幕的麻布
- 灰泥裝飾則使用裁切成5mm左右的稻草纖維

紙纖維
- 手抄和紙纖維
- 使用構樹及結香等植物纖維
- 泡過水後，用青剛櫟的木棒將纖維仔細搗散

化學纖維
- 價格便宜、強度優異、且帶有光澤

■ 圖2 海藻膠的種類與功能

海藻膠使灰泥具有保水效果，可提高施工性

銀杏草

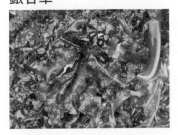

鹿角菜

海蘿（布海苔）

（照片提供：千葉大學生態系研究中心 銚子實驗場）

062

灰泥的施工（內牆）

Point 灰泥的施工方式，會因牆壁基底的種類、隱柱壁或露柱壁的不同而有所差異。

不同的施工方式

基底是編竹夾泥（粗抹）牆、木條與多孔石膏板並用、或是單純石膏板，所相應的灰泥施工方式都各有不同。另外，也會因隱柱壁或露柱壁的不同，在施工方式上造成相當大的差異。

以編竹夾泥（粗抹）牆為基底

在粗抹過的土牆上，依序塗上灰泥砂漿、中塗土、灰泥。也可施工於露柱壁的結構，但必須在牆柱交接的段差處使用「麻鬚」（參照第79頁）等材料以減緩收縮、預防裂縫（圖3）。

再者，牆壁是只使用橫穿板、還是併用橫穿板與斜撐，也會影響塗層的厚度與柱子的尺寸。設計時除了整體結構外，還必須考慮牆壁完工後所呈現的效果。

以木條與多孔石膏板為基底

在這種基底上，泥作壁的厚度可以稍微厚些。依序塗上灰泥砂漿、中塗土、灰泥。如果是隱柱壁，保險起見，可鋪上麻布以防止龜裂的情況發生。

以石膏板為基底

在石膏板的接縫鋪上平織紗布（日文為「寒冷紗」），然後在基底上薄塗一層下塗材料（圖1）。使用補土時，若是只用於局部，可能會因乾燥速度的差異，使色調最後變得深淺不一。需再塗上第二層灰泥。

以灰泥創造各式牆面樣貌

單純使用灰泥，便能創造出潔白平滑的牆面。也可以依照個人喜好，使用顏料為灰泥增添色彩。例如摻入礦物等無機質材料，或是嘗試像「大津壁」*般將灰泥與泥土調合，都有不同的樂趣。

添加稻草纖維、紙纖維、或是砂等骨材以進行表面處理的方式也很受人歡迎。透過塗抹的手法，可使牆面呈現出不同的表情與陰影變化（圖2）。

另外，也有稱做「磨光」的工法，是以鏝刀在表層仔細磨拭，使牆面如鏡面般平滑光潔。可令人享受到與光線共譜出的細膩風景，也是自然材料的美妙之處。

〔山田知平〕

譯注：

*是指不摻加膠材，只使用水、石灰（貝灰）、纖維、及滋賀縣大津市出產之色土混合成的材料所施作而成的土牆。依色土顏色的不同，又可分為「白大津」、「黃大津」、「淺黃大津」等。

■圖1　以多孔石膏板為基底

露柱壁・內牆（一般的方法）

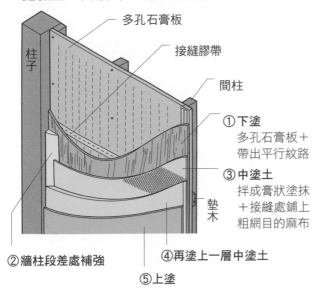

- 多孔石膏板
- 接縫膠帶
- 柱子
- 間柱
- ①下塗
  多孔石膏板＋
  帶出平行紋路
- ③中塗土
  拌成膏狀塗抹
  ＋接縫處鋪上
  粗網目的麻布
- 墊木
- ②牆柱段差處補強
- ④再塗上一層中塗土
- ⑤上塗

隱柱壁・內牆（傳統的方法）

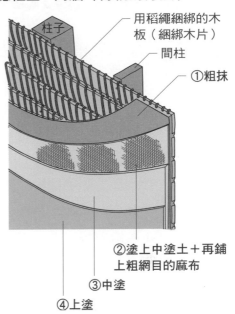

- 用稻繩綑綁的木
  板（綑綁木片）
- 柱子
- 間柱
- ①粗抹
- ②塗上中塗土＋再鋪
  上粗網目的麻布
- ③中塗
- ④上塗

■圖2　使用海綿在灰泥牆面刷出不同質感

在樓梯間牆壁塗覆灰泥的例子。在灰泥乾燥前使用海綿沿著牆面平刷，創造出獨特的質感。

■圖3　編竹牆的結構

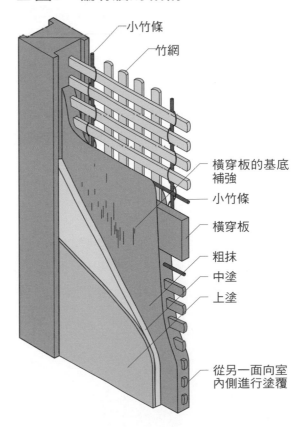

- 小竹條
- 竹網
- 橫穿板的基底補強
- 小竹條
- 橫穿板
- 粗抹
- 中塗
- 上塗
- 從另一面向室內側進行塗覆

063

灰泥的施工（外牆）

Point 灰泥外牆在施工時必須確保中塗土的完全乾燥、及其塗面的平整光滑。

灰泥外牆的施工步驟

首先，在牆壁的隔熱材外側覆蓋上金屬網基底、及瀝青油毛氈，再鋪上一層金屬網，並塗上輕質砂漿。接著，鋪上一層防止龜裂的網子，再塗上中塗土（灰泥砂漿），最後才塗上灰泥（圖1）。

在這些施工步驟中，最重要的一點是：塗上中塗土後，必須讓它完全乾燥。因為在這個階段中，基底的水分若能完全揮發，就可避免灰泥表面產生龜裂。

再者，中塗土的塗面最好要盡可能地平整光滑。因為最後的上塗僅會塗上一層薄薄的灰泥，要是中塗的塗面凹凸不平、或鏝刀塗抹不均，都將無所遁形、原形畢露。

由於油脂具備良好的防塵與防水效果，因此建議可使用混有油脂的灰泥來施工。另外，於露柱壁塗覆灰泥時，在塗上輕質砂漿後，務必於牆面與樑柱交接的段差處確實進行補強。

為灰泥牆面增添色彩

以純灰泥塗覆而成的潔白牆面本身就相當優美（圖2、圖3），但若能為牆面增添色彩的變化，也別具趣味。

為灰泥牆面增添色彩時，所使用的是於高純度灰泥中加入油墨、赤鐵氧化物等顏料而成的調合物。為了避免施工後表面的色彩濃淡不一，調合時必須將原料充分攪拌均勻，這點相當重要。顏料若是粉末狀，就要在灰泥仍是粉末狀態時摻入、使彼此充分混合，然後再加水均勻調合。

如果想讓顏色更加鮮明，只要加入較多顏料進行混合即可。應注意的是，灰泥在乾燥後，顏色會變得比較淺，所以建議施工前可預先製作樣本。

實際的施工方式，是在上塗的灰泥即將乾燥前，塗上混好顏料的灰泥。而且施作過程中隨著時間的推移，各區域的色澤也會有所轉變，所以最好能一氣呵成地塗完一整面。　　〔山田知平＋編輯部〕

■圖1 灰泥外牆的基底結構

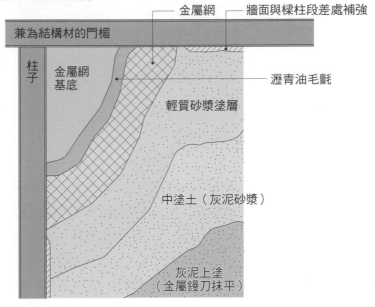

金屬網　牆面與樑柱段差處補強

兼為結構材的門楣

柱子　金屬網基底

瀝青油毛氈

輕質砂漿塗層

中塗土（灰泥砂漿）

灰泥上塗（金屬鏝刀抹平）

■圖2 灰泥外牆

神戶北野異人館
裝修時重新於外牆塗上灰泥。

■圖3 粗抹牆搭配灰泥

橫穿板・斜撐＋粗抹牆
在運用橫穿板與斜撐的粗抹牆上塗上灰泥。

舊民家改建
在原有的粗抹牆上塗上灰泥。

064
膏狀石灰泥

Point 膏狀石灰泥與灰泥的主要成分一致，施工方便，世界各地都可見到其蹤跡。

與灰泥的比較

相對於灰泥是日本傳統的牆壁塗料，膏狀石灰泥自古以來就是打造世界上各種璀璨文化及文明的素材，舉凡金字塔的石材、地中海眾多島嶼的外牆、雅典衛城的古希臘神廟等建築物，就連溼壁畫也可見到其蹤跡（圖1）。

膏狀石灰泥與灰泥的主要成分都是由石灰岩煅燒而成的生石灰。灰泥是先將生石灰加水煮沸、形成消石灰後，再混入纖維和海藻膠材而製成；相對地，膏狀石灰泥則是在生石灰中加入大量的水調合成膏狀，靜待時間熟成後所得（圖2）。

表面硬度高、具強鹼性

與灰泥一樣，膏狀石灰泥也擁有會在空氣中固化的「氣硬性」特質，施工完畢後會持續吸取空氣中的二氧化碳，然後在歲月的洗禮下自然固化，還原成石灰岩。膏狀石灰泥的孔隙多，且具有優異的自然循環性。和灰泥相比，其表面硬度也要高，不過兩者完工後的質感大同小異。

膏狀石灰泥同樣具有強鹼性，所以不易孳生黴菌及細菌；但相對地，也會對皮膚造成刺激，處理時一定要特別小心。

便於施工的現成調合品

過去的灰泥，大多是由泥水工匠在施工現場將水等材料加入消石灰粉末中調製而成，所以品質的好壞往往取決於泥水工匠的功力。

另一方面，膏狀石灰泥乾燥較快，固化後少有收縮；再加上附著性佳，相對來說施工上也較容易。而且，膏狀石灰泥的現成調合品已愈來愈普遍。不僅C／P值高，使用上也方便，因此最近被廣泛用在西式或和式建築上。自建房屋時也可取代壁紙等，當成牆壁塗裝材料來使用。

不過，近年來市面上也出現了便於施工的灰泥現成調合品，就自建時的施工選擇來看，灰泥和膏狀石灰泥兩者的差異已經愈來愈小。　　　　〔落合伸光〕

■圖1 使用膏狀石灰泥與灰泥的世界文化遺產

雅典衛城的古希臘神廟

歐洲的城堡

地中海眾多島嶼的外牆

溼壁畫

萬里長城

高松塚古墳、法隆寺、日本各地的城廓

金字塔

■圖2 膏狀石灰泥與灰泥的不同

相較於灰泥，製作膏狀石灰泥時需使用大量的水

石灰岩煅燒而成的生石灰

+ 水 → 消石灰 + 水 → 石灰泥 → 膏狀石灰泥
　　　　煮沸　　　　　拌合　　　　熟成

+ 水 → 消石灰 + 纖維 海藻(膠材) → 灰泥
　　　　煮沸　　　　　調合

近來，兩者的差異已經不那麼明確了

	主要成分	其他成分	施工性
膏狀石灰泥	消石灰	—	因為已經是調合好的狀態，可立即使用，施工性高
灰泥	消石灰	纖維 膠材	由泥水工匠於工地現場調製而成，品質好壞取決於泥水工匠的功力（近年來市面上也有灰泥現成調合品）

065

膏狀石灰泥的施工

 Point 適合各種基底，在質感及色澤的變化上有很大的揮灑空間。

耐水性低

比起灰泥，膏狀石灰泥適用的基底種類較多（可在砂漿、混凝土、石膏板、多孔石膏板等各種基底上施作），但是薄塗時容易產生裂痕，同時，耐水性較差，也不適合用在浴室等用水空間。裝修時要先將原有最外層的塗裝剝下，調整基底之後再行施作。另外，乾燥情形雖然會隨季節與氣候而略有不同，但大概需要一到三天的時間。

準備的工具及材料

- 膏狀石灰泥　　・金屬鏝刀　　・毛刷
- 滾筒刷　　　　・橡膠手套　　・橡膠刮刀
- 鏝刀板　　　　・水桶　　　　・勺子
- 足夠的布（廢布料）（圖1）

施工步驟

①**事前準備**：不需塗刷的地方，以遮蔽用膠帶或是塑膠布仔細貼好保護（圖2）。基底是石膏板（多孔石膏板）時，板材接縫處必須先以補土填補、或是黏上接縫膠帶。

②**調合**：可使用纖維或珪砂等骨材表現質感，也可以摻入赤鐵氧化物等顏料或色土來上色。因為乾燥後顏色會變得比較淡，需要事先製作樣本確認。若是選用了有色彩的膏狀石灰泥，日後維護保養時要再塗上完全一樣的顏色會比較困難。

③**下塗**：用滾筒刷或是毛刷薄塗上厚度約1mm的膏狀石灰泥（圖3）。如此一來，之後再用橡膠刮刀壓時整時會比較簡便。特別是牆柱段差處容易產生裂痕，要仔細壓實。

④**最後修飾**：下塗時若是在膏狀石灰泥中摻入了纖維或骨材，需再使用鏝刀或橡膠刮刀在下塗表面輕輕地壓整（圖4）。

- **鏝刀平壓**：若是膏狀石灰泥中纖維或骨材的比例不高，使用鏝刀沿著表面平壓即可。

- **創造花紋**：使用修整面抹刀（參照第158頁）、毛刷、滾筒刷等工具來創造花紋。

- **磨光**：與灰泥的磨光工序同樣是在最後修飾階段帶出表面光澤（參照第140頁）。等混入顏料的塗面乾燥之後，再用布擦拭磨亮。　　〔落合伸光〕

■圖1　準備的工具及材料

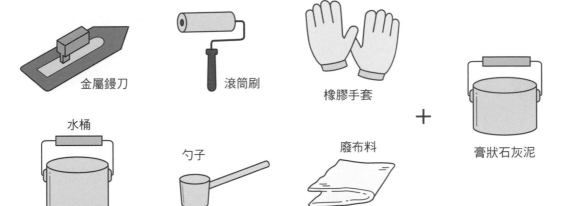

金屬鏝刀　　滾筒刷　　橡膠手套　　＋　膏狀石灰泥

水桶　　勺子　　廢布料

■圖2　事前準備

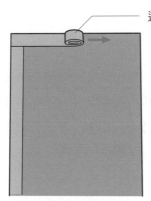

遮蔽用膠帶

不需塗刷的地方，用
膠帶仔細貼好保護

■圖3　下塗

薄塗上厚度約1mm
的膏狀石灰泥

■圖4　最後修飾

● 鏝刀平壓

● 創造花紋

● 磨光

066
貝灰

Point 貝灰能清淨空氣，也不怕火災。施工簡便，適合自己動手DIY。

可自然循環回收的商品

也能打造出與灰泥相仿質感的貝灰（圖1左），其主要成分是經過高溫粉碎的扇貝粉末，與石灰相同，其物理成分都是碳酸鈣。扇貝貝殼在北海道、青森一帶被當成是漁業廢棄物，其一年的堆積量便多達25萬噸。近來，在北海道陸續開發出各種有效利用扇貝貝殼的方式，例如：使用扇貝貝殼淨化牧場的汙水，做為溫泉及公共澡堂殺菌作業的原料，或是拿來當成土壤改良材料等。本篇所介紹的貝灰也是扇貝貝殼的活用方式之一，稱得上是可自然循環回收的商品。

適用於自建房屋的素材

只要有滾筒刷與培克刷（圖1右），就算是一般人也能輕鬆進行貝灰的施作。而且，高溫燒煅後的扇貝貝殼與白雲石灰泥擁有多孔性，可以分解令人不適的異味、和空氣中有毒的化學物質。萬一火災發生，由於貝灰的主要成分是鈣，屬於非熱性物質而不會燃燒，所以也不會排放出有害氣體。

特別值得一提的是，就算沒有泥水工匠的技術，人人也都能親自動手、輕鬆營造出如灰泥般的質感。只要使用滾筒刷等工具施工，就能達到一般塗裝工程的效果，即使是完全沒有經驗的人成果也能做得有模有樣（圖2）。另外，也可以加入色粉與顏料染色。不過，因為塗層較薄，加入稻草纖維等改變質感的做法，就整體設計而言比較不那麼適合。

維護・損傷與髒汙處理

基本上，貝灰牆面不需要定期維護。因為材料本身會自行固化，所以也不必擔心剝落的問題。

沾上油垢或汙漬的地方，只要用刀子刮下，然後再用補土填平即可。如果損傷部位深到會留下陰影，就得製作補土填入；但如果是較淺的損傷，其實看起來也並不明顯。　　　　　〔落合伸光〕

■圖1 貝灰

使用滾筒刷塗上貝灰所呈現的質感。

左起為將貝灰與水拌合的工具、滾筒刷、培克刷。

■圖2 貝灰的施工步驟

①使用遮蔽用膠帶保護
在施作部位周圍的窗框、踢腳板、柱子等處貼上遮蔽用膠帶保護。

②基底處理
施作於PVC壁紙、混凝土鋪板、或合板上時，必須進行打底處理，以防止基底內含鹼液反滲。

③加水混合攪拌
貝灰與水約為1：1的比例，用簡易的攪拌器拌勻。

④牆縫的塗刷
在滾筒刷無法塗刷到的部位先以縫隙用的毛刷進行塗刷。

⑤用滾筒刷塗上第一層
大尺寸的滾筒刷要比細窄的滾筒刷來得好塗。

⑥用滾筒刷塗上第二層
第一層塗料大約經過2～3小時就會乾燥，確認乾燥後再塗上第二層。

⑦完成

067

什麼是土佐灰泥

Point 土佐灰泥強度高、便於施工,且乾燥後也不易產生裂痕。

極受歡迎的工法

日本高知縣土佐地方的灰泥,採用當地出產的優質石灰岩,並且堅持以傳統的製作手法施作。土佐灰泥的優美外觀與高度耐用性(圖2),也吸引了土佐地方以外的不少愛好者。

土佐灰泥的特徵如下(圖1):

· 採用高知縣出產的高純度石灰岩。

· 使用傳統的德利窯*,混入大量的工業鹽燒製而成。比起使用重油,是以低溫燒煅出顆粒較粗、且含有鹽分的消石灰(鹽燒石灰)。

· 不使用海藻膠,而是混入發酵纖維(即發酵過的稻草纖維,可提高灰泥黏著性,確實黏附黏土、砂等骨材)使用。

耐水且不易產生裂痕

土佐灰泥由於含有發酵纖維,能確保維持長時間的強度。就算被雨侵襲,也不易剝落或發黴,屬於極耐水的外牆塗面材料。

而且,也由於粗顆粒消石灰與發酵纖維的緣故,土佐灰泥只需加入少量的水就能產生黏性。所以不需要使用膠料,施工簡便,也能進行厚塗。

土佐灰泥具有安定的黏性與固化緩慢的特性,不論在施工時或乾燥後的收縮情形皆不明顯,不易產生裂痕。所以也能不預留收縮縫隙,直接進行大面積的施作(圖2)。

土佐灰泥的未來發展

塗過上塗的外牆,要是再塗上一層不含纖維的灰泥、並進行磨光,外觀看起來就會更加完美無瑕。雖然比起現行的牆壁工法,土佐灰泥在施作上所需的費用較多、工期也較長,但是其防水、耐火、耐用性都相當優異,更擁有無機質的外牆材料難以企及的優美外觀。有鑑於近來自然住宅漸漸受到世人肯定,我也希望土佐灰泥這類追求純粹的工藝事業能更加勃發。

〔落合伸光〕

譯注:
*德利窯是升焰窯的一種。因為窯的外觀形似日文稱為「德利」的酒器造型(脖子細窄、下端渾圓)而得名。

■圖1 什麼是土佐灰泥

①採用高知縣產的高純度石灰岩

高知城

②使用傳統的德利窯，混入大量的工業鹽燒製而成

德利窯

照片提供：田中石灰工業

③不使用海藻膠，而是使用發酵後的稻草纖維

發酵稻草纖維

照片提供：田中石灰工業

於慶弔6年（1601年）由土佐藩的第一任藩主山內一豐下令建造，是具有4重結構6層樓的獨立式望樓型城廓。高知城是運用土佐灰泥的建物代表，也是當地人引以為傲的建築物。

■圖2 土佐灰泥的魅力

令人著迷的優美外表

不易發黴

優異防水性

具備耐火性

對環境友善

無庸置疑的耐用性

不易產生裂痕

不會逸散揮發性有機化合物

名聲響亮的姬路城，也參考了土佐灰泥的做法
名列世界文化遺產、以「白鷺城」的別名而廣受人們喜愛的姬路城，在昭和（1956～1964年）、及平成（2009年～）的兩次大規模整修中，所使用的改良型灰泥也參考了土佐灰泥的做法。

068

以砂土做為牆面泥作塗料

 Point 砂土與木材搭配起來頗為相襯。至於砂土的準備作業，可交給泥水業者和泥水工匠。

準備砂土的困難

以砂土做為牆面泥作塗料時，最理想的狀態是在住處附近的山邊就地取材，尋找品質良好的泥土與黏土做為原土，精製過後再調合成材料。假使是用於粗抹牆的土，還需先將砂土填入牆面，待平整乾燥後再一層層塗抹上去。

但是實際上，這樣的做法在執行上相當困難。如果要精製出一整間房子所需的材料，那麼勢必需要用到多上一倍的原土。得先除去摻雜於原土中的小石頭及碎屑，再將原土搗碎，然後用不同篩網一次次過篩精製（圖1）。單是這些準備砂土的前置作業，成本算起來就十分驚人。

所以在現實上，建議將砂土的準備作業委託給可自行調合砂石的泥水業者，以及對砂土特性瞭若指掌的泥水工匠。就砂土的準備工作來說，「信賴專家」這點是極為重要的。

關於上塗土

日本關西地區，出產了不少有名的天然砂土。除了兵庫縣的淡路、京都的本聚樂・稻荷山・桃山、滋賀的江州白土之外，還可找到各地泥水業者自行精製的砂土。

想使用鐵鏽色的色土時，可選擇供給穩定的京鏽石等；另外，在兵庫縣的三木市也能找到鐵鏽色的砂土，而這些砂土便統稱為大阪土。京都的桂離宮，其紅色外牆即是選用大阪土（參照第163頁圖2下）。

砂土的色調與所呈現出來的風貌，因個人喜好而有不同。但大體而言，木材與砂土這兩種自然材料，本身在調性上就毫無違和感，十分相得益彰。而泥水工匠巧妙的手藝，更可使各種素材彼此交融，進而散發出和諧的美感（圖2）。

施工時的注意事項

進行隱柱壁這種大面積的塗裝時，常常會在表面上出現裂痕。不過，只要不是因結構缺陷所造成的裂痕，就不致影響性能。因此，遇到這種狀況時必須向屋主充分說明，以取得其理解。

此外，土牆在施工時，進行押整的次數比起灰泥牆要來得少，也無法一邊塗刷一邊修整；所以，最好能委託相關經驗豐富的泥水工匠進行施工。〔山田知平〕

■圖1　砂土的前置作業

①採土、碎土

用鏟子等工具將結塊的砂土搗碎。

②過篩

使用網目較粗的篩子先揀去石頭等較大的顆粒物。

③將土搗細、搗碎

使用專門的機具搗土。

④第二次過篩

使用網目較小的篩子。

⑤再次過篩

使用小細篩仔細地篩去雜質。

⑥完成

可運用在各式用途上的色土。

■圖2　粗抹牆搭配灰泥牆面的實例

使用加古川土的牆面
露柱壁的土牆上混入了細碎纖維（參照第155頁）以呈現出不同美感。

使用丹波土的牆面
和室裡的土牆。

使用三木土的牆面
運用在隱柱壁上的例子。

069

骨材及補強材的使用方法

Point 按照正確的施作手續施工。可依據使用屬性的不同區分出三種泥作壁材。

添入泥作原料的骨材及補強材

泥作原料由泥土、黏土、砂、稻草纖維、膠材、以及水調製而成（圖）。依據粗抹土、中塗土、上塗土的不同，需進行比例的調整。

粗抹土

粗抹土是由具備強度的黏土與稻草纖維混合而成，需放置半個月到數月讓稻草纖維腐爛，以提高黏度（圖上）。稻草對粗抹土有補強效果，也能防止塗層產生裂痕，所以施工前還要再加入混合一次。還有一種比較特別的方法是，將舊房子拆解後留下來的粗抹牆拿來當做原料，再行調配成粗抹土加以利用。

中塗土

中塗土是混入黏土後再加入砂、稻草纖維。因為黏土只要一乾燥就會開始固化，雖然仍能維持整體形狀，但是乾燥時會劇烈收縮，所以需要加入砂與稻草纖維（圖右中）以和緩收縮程度、避免產生裂痕。另外，準備砂土時最好盡量使用河砂（圖左中）。

上塗土

上塗土是由色土、砂、稻草纖維、和膠材混合攪拌調製而成。這些材料能預防乾裂與收縮，而且也具有為上塗土染色的效果。

灰泥也是上塗土的一種，是將消石灰、砂、膠材、細碎纖維（圖左下）或紙纖維混入水中調和而成（參照第138頁）。由於消石灰在與空氣中的二氧化碳反應後會逐漸固化，所以比起土牆，灰泥的質地較緻密，強度也更高。而且耐水性高，還能當成外牆材料使用。只是，也得注意預防乾裂；而且儘管耐水，但必須特別留意會被雨淋到的部分。

膠材

上塗土所使用的膠材，現在已被一般的化學膠所取代。只是，若是堅持使用天然建材，可以將乾燥的布海苔（海蘿）或鹿角菜（圖右下）加水燒煮，使用從其液體中所抽取出的膠質成分，這麼一來，施工現場應該也會聞到一股淡淡的海藻香氣吧。　　　　　　　〔山口知平〕

■圖　混入骨材與補強材

將稻草與粗抹土攪拌均勻
以雙腳進行攪拌的話效果更好。

河砂
是製作砂漿時經常添加的骨材。因為比海砂稀有，所以價格較貴。依據過篩後的顆粒大小而有不同使用方式。

用於中塗土的稻草纖維
中塗土大多使用3cm以下的稻草纖維。比較細的纖維可在最後修飾牆面時使用。

細碎纖維
倒掉煮沸稻草後帶有雜質的液體，將長度3mm以下的稻稈仔細磨碎後，除去稻稈的節，再粉碎過篩所得到的物品。

鹿角菜
鹿角菜膠的原料。鹿角菜其實是紅藻類的總稱。

070

珪藻土

 Point 珪藻土具有保溫、防露、調溼、除臭、與隔音等優異性能。須留意凝結劑與補強劑的不良影響。

什麼是珪藻土

珪藻土是相當具代表性的泥作牆塗料,但是珪藻土開始被拿來當成表層塗料,其實不過是最近的事。原本,珪藻土是用來燒製炭火爐、或烹調爐具,以優異保溫及隔熱性而聞名的一種素材。後來,才出現了以珪藻土製成的牆面表層塗料,因為可輕鬆呈現出各式各樣的質感而受人青睞,也對於自然住宅的發展有推波助瀾之效。

珪藻土是棲息在湖海裡的珪藻(浮游植物)殘骸經長年堆積後形成的黏土狀泥土(圖1)。珪藻土的分布遍及日本各地,其中以秋田、能登、岡山、大分等地區出產的品質為佳。而做為珪藻土最大出產國的美國,也將原料輸出到日本。

珪藻土的特色

其主要成分是與玻璃相同的矽酸(二氧化矽),擁有直徑0.1～1微米的超微小多孔性結構。具有極適合壁塗材的各種性能,例如:保溫、防露、調溼、除臭、與隔音等。

因為珪藻土不會固化,所以在施工現場進行調製時,必須加入石灰、砂等補強材,以及鹿角菜等膠材。由於多依據泥水工匠的經驗來設定混合比例,所以最好能預先製作樣本(圖2上)。近年來,只需在施工現場加水攪拌就可使用的現成調合品也日益普及。

現成調合品的注意事項

在安全性上需要留意凝結劑與補強材的成分及用量。雖然一般來說在網路上就能取得足夠的商品資訊,但還是必須向製造商要求出示物質安全資料表(MSDS)。只是,關於成分的比例仍有標示不清的可能(圖2下)。

施工性較好的商品,多半都含有乙酸乙烯酯、或合成樹脂等補強材,會妨礙珪藻土發揮其獨特的吸溼放溼機能。另外,根據國際癌症研究機構指出,燒煅之後的結晶型二氧化矽恐具有致癌性,也應特別注意。　　　　　〔落合伸光〕

■圖1 珪藻土從何而來

珪藻
（浮游植物）

┬── 原油（石油） ······· 汽油

└── 珪藻土 ········ 木炭烤爐、隔熱瓦的原料

■圖2 珪藻土分為兩種

依照傳統方式調製的珪藻土

泥水工匠憑藉經驗與技術調製而成

水

珪藻土

鹿角菜

石灰

砂

現今的珪藻土建材

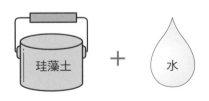

珪藻土 ＋ 水

● 有許多只需在施工現場加水攪拌即可使用的現成調合品
● 價格比其他泥作材料要來得高
● 留意凝結材與骨材的成分
● 必須向製造商要求出示物質安全資料表

因為珪藻土能呈現出變化多端的質感，所以建議在施工現場與泥水工匠討論，並預先製作樣本以做為決定參考。

071
使用鏝刀進行修整

 Point 施作泥作工程時，須依牆面與工事類型選擇適當的鏝刀來使用。

各式各樣的鏝刀

　　鏝刀的種類變化多端，施工時需依據工事、用途、及牆壁形狀，在材質、厚度、形狀各不相同的數十種的鏝刀中選用適當的施作工具。

下塗・中塗用鏝刀（圖1）

・黑鏝刀：尺寸約30～360mm，適用於下塗與中塗的各種工事。金屬鏝刀便於整平牆面，適合用在土牆與砂漿牆上。

・木鏝刀：尺寸約21～36 mm，用於均整混凝土表面、和抹平砂漿塗層。有柚木製與扁柏製，就施工性來說以扁柏為佳，但因其材質較柔軟、易磨損，所以一般來說仍以柚木製較為普遍。

修整（上塗）用鏝刀（圖2）

・催刀：尺寸約90～300mm，用於灰泥、白雲石灰泥、石膏膠泥與大津壁（參照第140頁）等牆面的修整。因為催刀的寬度窄、且刀面較薄平尖銳，所以使用時要特別注意刀鋒邊緣。

・（鏝刀柄在鏝面末端的）催刀：是催刀的一種，主要用於石膏膠泥牆面的修整。因為石膏膠泥中含有氧化鐵，所以材質為不易生鏽的不銹鋼。

・角鏝刀：尺寸約120～360mm，主要用於牆壁及地板的砂漿、石膏塗層等，也可用於纖維牆的修整。用途廣泛，在多由業者統一發包泥水工程的今日，是施工現場使用最頻繁的工具。

・修整面抹刀：尺寸約60～120mm，用於灰泥與大津壁的磨光修整時，是用來磨光牆面，以及將柱角與塗層末端的塗材沿著柱子推平修整的工具。

・起線鏝刀：屬於修整面抹刀的一種，主要用於土製倉庫的灰泥牆修整，也經常用於左右對開的門戶磨光。

・抹刀：尺寸約150～210mm，如同其名，可以抹平、推開不均整的塗料，主要用於砂壁、拌合膠料的牆面修整。材質輕薄，大多是具有彈性的鋼製品。

　　另外，也有各式各樣的修飾造型用鏝刀（圖3）。　　　　　　　〔編輯部〕

■圖1　下塗・中塗用的鏝刀

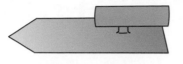  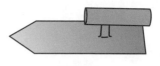

黑鏝刀（下塗用）　　　　　黑鏝刀（中塗用）　　　　　　木鏝刀

■圖2　修整（上塗）用鏝刀

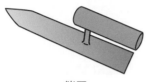  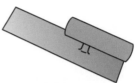

催刀　　　　　　（鏝刀柄在鏝面末端的）　　　　角鏝刀
　　　　　　　　　催刀

修整面抹刀　　　　　　起線鏝刀　　　　　　　抹刀

■圖3　修飾造型用鏝刀

  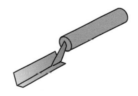 

貴匙　　　　　　外角鏝刀　　　　　　內角鏝刀　　　　柳葉型鏝刀
　　　　　　　　　　　　　　　　　　　　　　　　（用於屋頂灰泥裝飾）

 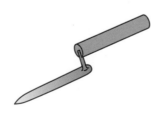  

寬柳葉型鏝刀　　　　勾縫鏝刀　　　　　　勾縫鏝刀　　　　　　鶴首型鏝刀
（用於屋頂灰泥裝飾、　（用於柱子轉角斜接處　（用於拉門軌道　　　（用於屋頂灰泥裝飾）
　海鼠牆等）　　　　　或雕刻裝飾處）　　　等縫隙處理）

072

毛刷法·平梳法·敲落法

 Point 這些都是能為牆面營造不同樣貌的重要工法。因施工狀況會受天候與氣溫影響，需加以留意。

毛刷法

毛刷法是在基礎的修飾塗層上、或鋪好砂漿的地面上，用毛刷刷出花紋的工法（圖1）。這種工法不僅可使表面變得粗糙、製造出防滑效果，還能遮掩施工中出現的微小細紋。在灰泥牆與土牆運用這種技法時，會在灰泥砂漿或中塗土上以刷子刷出橫向紋路，之後再進行修整。

比起一般只用刮刀抹平的牆面，毛刷法更能呈現出鮮明的個性及藝術感，也俐落許多。而且，隨著刷毛間距與毛刷種類的不同，呈現出的模樣也相當富有變化。

平梳法

平梳法是使用金屬梳或橫向鋸齒狀刮刀等工具，於已抹平、或經敲落處理（見下段的敲落法）的牆面上以一定規則畫出水平線條的一種工法（圖2）。

另外，毛刷法與平梳法最好不要用在牆壁交界處，因為這樣一來可能會導致破損及龜裂的情況發生。此外，由於這工法需在一整面牆上畫出水平劃一的線條，施作者勢必要具備相當的技巧熟練度與專注力。

敲落法

敲落法是先厚塗上1～2mm的表面塗材（砂漿或火山灰類外牆塗料等），並趁其未完全乾燥時以金屬毛刷敲打表面，使塗料少量脫落的工法（圖3）。至於塗料的脫落量，則取決於塗料中的骨材大小。

其他工法

另外，還有以漩渦狀金屬刷敲打出漩渦圖樣的工法、以鑿刀削落塗料的工法、以及使用保麗龍製鏝刀壓磨牆面的工法等。透過使用各式各樣的道具，便能為牆面帶來截然不同的質感。

共同注意事項

塗料乾燥的時間會隨天候及氣溫的條件而有所差異，但總體而言，塗料的乾燥時間會對最終的外觀有極大的影響，因此，進行泥作工程時，請務必預留足夠的施工時間。　　　　〔山田知平〕

■ 圖1　毛刷法

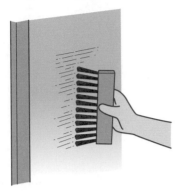

在灰泥砂漿或是中塗土上使用刷子刷出橫向線條。在砂漿上也可利用掃把製造出同樣的效果。

使用工具

毛刷法所用的毛刷

也可以使用掃把

成果

在灰泥牆上所呈現的質感

在火山類泥作牆上所呈現的質感

■ 圖2　平梳法

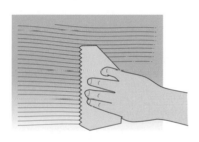

利用金屬梳或橫向鋸齒狀刮刀，以一定規則畫出水平線條，是需具備相當熟練度才能進行的施工作業。

使用工具

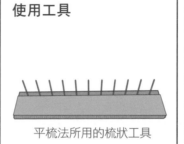

平梳法所用的梳狀工具

成果

在珪藻土上所呈現的質感

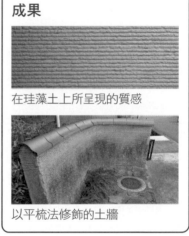

以平梳法修飾的土牆

■ 圖3　敲落法

使用工具

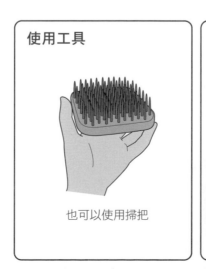

也可以使用掃把

成果

在砂漿上所呈現的質感

在火山類泥作牆上所呈現的質感

073

洗石子 ‧ 斬石子

Point 洗石子運用於牆面與地面，斬石子則運用於玄關地面與屋簷走道。

洗石子

洗石子是將小石頭等細石與砂漿混合攪拌好，塗抹在施作部位，在塗層稍乾時沖洗掉表面砂漿的工法（圖1）。多運用在泥土地面（日文為「土間」）的踢腳板與地坪、步道、或玄關地面等部分。

首先，從完成面向下挖掘約150mm深，鋪上約70mm厚的碎石，加壓後鋪上一整面金屬網。接著，灌入混凝土直到低於完成面約30mm左右的高度，然後再將混合了砂礫、小圓石、水泥漿的泥狀物，填入直到完成面的高度。靜置一段時間後，在表面半乾時以水柱進行沖刷。不過，當施工處是木造住宅中的泥土地面時，要是直接用水沖洗表面，可能會傷到木頭門窗及玄關收邊材，所以這時最好不要以水沖洗，而是以刷子與海綿抹去表面的砂漿。

斬石子

斬石子是在土壤（主要是花崗岩風化土）中加入石灰（消石灰）、少量的水（有時可能是海水）、鹽滷（從海水析出鹽時所留下來的固態成分）進行調合後，塗抹在施作地面，然後以工具持續敲打、進行表面修整的工法（圖2）。多運用在玄關地面與屋簷走道。是過去沒有水泥的時代中慣用的工法。

斬石子具有保水性、蓄熱性、以及調節溼度的機能，有助於維持室內環境的舒適感；但由於表面柔軟，在人們時常來往走動的位置會磨損得比較快。

施工時須注意土與消石灰需以9：1的比例混合。如果土壤的水分過多時，可加入砂石以減低黏性。

夯土

夯土是將泥土填入組好的模板中、並持續擠壓夯實，以此建造牆面的一種工法。將摻有碎石、厚約10cm的泥土填入模板中、並不斷夯實，而後再增加模板、填入泥土、加以夯實，透過重覆同樣的過程將泥土一層層堆疊起來。

〔山田知平＋編輯部〕

■圖1　洗石子

將小石頭等細石與砂漿混合攪拌好，塗抹在施作部位，在塗層稍乾時用水或刷子等工具沖洗掉表面的砂漿。

洗石子的質感。

在玄關地面運用洗石子工法的實例。

施工步驟流程

1　從完成面向下挖掘約150mm深，鋪上約70mm厚的碎石

2　在表面加壓

3　鋪上一整面金屬網

4　灌入混凝土直到低於完成面約30mm左右的高度

5　將砂礫、小圓石及水泥漿拌合後的泥狀物填入直到完成面的高度

6　靜置一段時間後，在表面半乾時以水柱進行沖刷，也可改用刷子與海綿擦拭

■圖2　斬石子

在土壤中加入石灰與水進行調合後，塗抹在施作地面，然後以工具持續敲打、進行表面修整的工法。

運用斬石子工法的桂離宮。斬石子在日本是歷史最為悠久的泥土地面修整工法。

1　在牆壁或踢腳板上畫上墨線，作為鋪面的基準

2　牆壁（至少到腰壁板附近的高度）貼上塑膠布加以保護

3　注意調合土所含的水分，過多的話可以加入骨材等材料來調整

4　將調合土鋪在施作部位，以工具仔細平敲，使其平坦均勻

5　以鏝刀等工具垂直平壓，提高表面的細緻度

6　最後的表面修整若是選擇磨光方式，需在乾燥前以纖維等材料進行磨擦；若選擇毛刷法，也需在乾燥前以毛刷在牆面上輕刷出紋路

7　最後的養護步驟大多被省略，但如果能鋪上一層沾水的草蓆進行養護，便能提高完成後的強度

074

建造土牆

 Point 隨著法令修正與時代變遷，講究技術的編竹牆也重新站上舞台。

通過時代考驗的編竹牆

一直以來，牆壁的基底多屬於石膏板、面板等乾式工程。不過，近來卻起了變化。編竹夾泥牆（以編竹牆為基底的土牆）已重新站上舞台，而且實際上也有愈來愈多年輕工匠懂得如何建造土牆。

引發這變化的重要關鍵是平成15年（2003年）所頒布的建築基準法修正告示。透過壁體倍率的調整、與臨界耐力計算的採用，人們重新審視起木造傳統工法的可行性。

而且，因為環保建材的灰泥牆與珪藻土牆受到矚目，也連帶使做為土牆基底的編竹牆獲得被重新評估的機會。編竹牆本身具有良好的吸溼放溼性和隔熱性，是相當優異的牆壁基底。

編竹牆的做法是在柱子中間穿入橫穿板，並以麻或稻繩將竹片和細木片綑綁成格子狀。然後在此基底上塗上混有稻草、膠材的黏土，之後再塗上灰泥或珪藻土做為上塗，就大功告成了。

從編竹牆基底到土牆的施工程序

①**製作基底**：在柱子或橫穿板上固定好小竹條，再以稻繩將細竹片編織成竹網（過去有專門編織竹網的工匠）。

②**塗覆粗抹**：在基底上塗上一層黏土。

③**橫穿板的基底補強**：在橫穿板上鋪上麻布或稻草。

④**牆柱段差處補強**：就牆壁與柱子交接的段差處進行補強，修整表面。

⑤**填滿‧抹平柱上溝槽**＊：將土填入柱上溝槽，並抹平表面。

⑥**中塗**：再塗上一層黏土。

⑦**上塗**：塗上灰泥等塗料。

若依照這樣的工序進行，大概要花上3個月到半年，較久的話還得花上1年以上。而且，因為這項工程需考慮到會影響自然素材的季節、氣溫、溼度等條件，施工者必須具有多年的經驗與熟稔的技術。

雖然建造編竹夾泥牆所需的手續、時間和費用都較多，但只要能逐漸讓世人重新評估土牆的價值，就是莫大的樂事。

〔落合伸光〕

譯注：

＊柱上溝槽：在柱子上挖出溝槽，可避免土牆因乾燥而收縮。

■圖1　編竹夾泥牆的基底結構

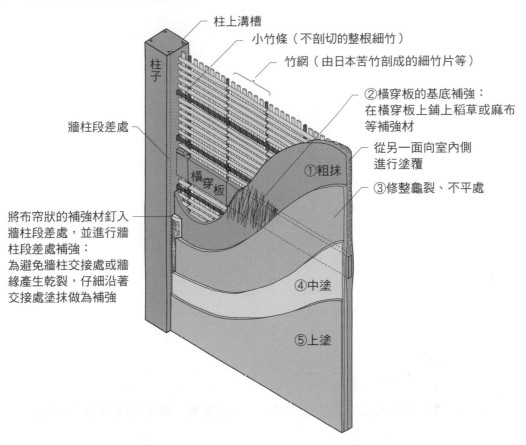

柱上溝槽

小竹條（不剖切的整根細竹）

竹網（由日本苦竹剖成的細竹片等）

柱子

牆柱段差處

橫穿板

②橫穿板的基底補強：
在橫穿板上鋪上稻草或麻布等補強材

從另一面向室內側進行塗覆

①粗抹

③修整龜裂、不平處

將布帘狀的補強材釘入牆柱段差處，並進行牆柱段差處補強：
為避免牆柱交接處或牆緣產生乾裂，仔細沿著交接處塗抹做為補強

④中塗

⑤上塗

■圖2　牆柱段差處補強所使用的工具與材料

角尺
決定牆柱交接處的段差大小。

束鬚狀的補強材
以小釘子固定麻布，防止補強處出現縫隙。

小毛刷
以水沾溼，清除補強時沾到的泥土。

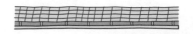

布帘狀的補強材
將如布帘般固定於竹棒上的平織紗布（日文為「寒冷紗」）釘入牆柱段差處，以防止交接處乾裂。

COLUMN

善用建地的高低差・以柳杉厚板興建的住家

　　本住家個案位於名古屋市郊外綠意盎然的住宅區，居住成員為屋主夫婦與兩名小孩。建物本身與北側的道路有3m左右的高低差（左上圖），由於日本對於建築物的各部分高度有一定限制*，所以各層樓在高度上略有縮減。建築物整體靠近北側，以保留南側的寬廣庭院（右上圖）。

　　牆壁是編竹夾泥牆，工匠以傳統的手工榫接技法進行接合。室內塗裝使用中塗土與灰泥，室外以灰泥塗裝。木材則運用了當地的三河柳杉與扁柏。一、二樓的地板使用單塊即厚達40mm的柳杉板；一樓地板下方、和屋頂隔熱處則是柳杉樹皮板。流理台、洗臉台、與餐具櫥櫃等家具也都是以扁柏原木製成。

　　起居、餐廳與廚房兼用的整體空間（LDK）可從南面迎入陽光，並挑高至二樓以打造出寬闊的空間感。一旁設有地面略微墊高的和室，其地板為稻草榻榻米，地板下方還設有抽屜式的收納空間（右下圖）。壁櫥內部的隔板是以柳杉板搭成。廚房的牆面則採用能吸附油煙的珪藻土磁磚（左下圖）。至於寢室的床是訂製家具，由柳杉板製成，並略為墊高。　　　　　　　〔大江忍〕

北側外觀

南側外觀

從廚房的角度觀看起居室

從起居室的角度觀看廚房

譯注：
＊我國建築技術規則建築設計施工編第164條也有相關規定。

位置 愛知縣名古屋市　　設計 大江忍　　施工 自然夥伴（Natural Partners）

結構・規模 鋼筋混凝土＋木造2層樓住家　　建地面積 85 m²　　總樓板面積 177 m²

5

運用自然素材的
裝潢材料

075

什麼是運用自然素材的裝潢材料

Point 就算是運用自然素材的裝潢材料,也未必對人體及環境毫無不良影響。

建築工地的現況

應該沒有人想在自己家裡使用會對人體及環境帶來不良影響的裝潢材料吧!可是,實際到建築工地一看,常會發現,仍使用著不少讓人有疑慮的建材。就算表面上說是運用自然素材的建材,但其實並未探究它們對健康及環境到底有什麼影響,就這樣得過且過地加以使用。

德國的《生態測試雜誌(Öko-Test magazine)》,是一本從建築材料到日常生活用品,都依各物品的生態度高低進行排名、並加以評論的雜誌。如果各國都能出版這類刊物,對各種建材在環境及健康上所造成的負擔提出公平的審核,那麼不論是屋主或施工業者,將能更安心踏實地選擇建材。

自然素材的定義

運用自然素材的裝潢材料,大多用在地板、牆壁、及天花板上(圖1)。自然素材的定義,與自然住宅相同,也就是不會對環境及人體健康造成負擔。使用時可就下列幾點加以確認:

· 製造時是否耗費較少的能源?
· 素材用於建築的分量是否不多於其自然再生的分量?
· 是否能回收再利用?
· 自然素材本身是否具有毒性?(圖2)

自然材料≠完全安心

就算屋主本身沒有過敏症狀,也採用了運用自然素材的建材,但這未必代表就能全然放心。例如,柳杉的地板材本身就含有蒎烯、檸檬烯、萜烯等天然木材會產生的揮發性有機化合物。另外,也有人會對羅漢柏精油的氣味感到噁心。因此在選擇建材時,就算是自然素材,最好還是要事先準備樣本確認。

而且,購買運用自然素材的建材時也比較建議直接向生產者聯繫、購買。因為要是庫存倉庫裡同時儲放著合板等材料,就可能在運送過程中沾染到令人不適的氣味。 〔落合伸光〕

■圖1 裝潢材料也使用自然素材

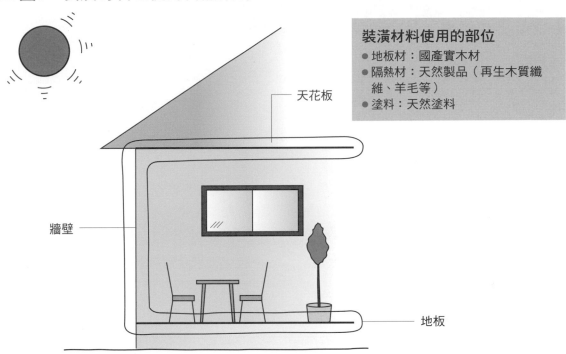

裝潢材料使用的部位
- 地板材：國產實木材
- 隔熱材：天然製品（再生木質纖維、羊毛等）
- 塗料：天然塗料

天花板

牆壁

地板

■圖2 使用天然類裝潢材料時的考量要點

用於建築的分量　自然再生的分量

素材的使用與生長是否取得平衡？

有沒有毒性呢？

透過材料成分確認是否含有高毒性的成分，要求出示檢驗證明

製造時是否耗費較少的能源？

是否可以回收再利用？

如果還是覺得不太放心的話……
- 事先取得樣本
- 掌握製作源頭的生產模式
- 了解屋主的體質狀況

076

榻榻米的現況

Point 有省事的化學榻榻米、與費功夫的天然榻榻米兩類。天然榻榻米與自然住宅較為相襯。

和室的今昔

直到三、四十年前，鋪著榻榻米（疊蓆）的和室都仍是日本家庭中最核心的重要場所。可是在近幾年的新建住家裡，具備和室空間的住家變得相當稀少。對年輕世代來說，桌椅似乎理所當然地取代了日本傳統的生活樣貌。一提到榻榻米，就不由得想起小津安二郎導演的電影作品。小津導演以其著名的仰角鏡頭，如實呈現出一九五〇年代市井小民的日常起居；而在鏡頭畫面中，鋪著榻榻米的起居室裡總是擺上一張小圓桌。

化學榻榻米的安全性

榻榻米製品在本質上也起了變化。最近的製品大致上可分為兩種：一是使用傳統稻草草墊為底板的天然榻榻米，另一種則是以聚苯乙烯泡沫塑料等化學材料製成底板的化學榻榻米。而且，蓆面也約有八成產自中國，日本國產的蓆面已慢慢式微（圖1）。

以數量來看，化學榻榻米更占了壓倒性的多數。或許是因為許多建商都極力推薦化學榻榻米，強調其不易發黴、且保養簡單的緣故吧。

在以往榻榻米仍占家中重要地位的時代裡，只要一到年底，就可以看到家家戶戶將榻榻米拿到戶外拍打、日曬的畫面。但最近，就連一年一次的保養好像都省略了。

而且，近來的建築物日益具備高氣密性與高隔熱性，像這樣空氣無法充分流通的環境，對榻榻米而言，反而成為發黴與蟲害的主因。

儘管如此，但只要一想到抵抗力較差的老年人與嬰兒所坐臥的，居然是由恐有農藥殘留的中國製蓆面包覆於聚苯乙烯板所製成的化學榻榻米，心裡總還是會有些許不安吧。

與自然住宅相襯的天然榻榻米

在裝潢與隔熱上都使用自然素材的自然住宅裡，化學榻榻米總顯得有點格格不入。其實，一年只要幾次，拿空罐子將榻榻米略為墊高以促進通風，就能防止其發黴（圖2）。我認為，就算較為費事，天然榻榻米還是比較理想的選擇。

〔落合伸光〕

■圖1　蔚為主流的化學榻榻米（疊蓆）

化學榻榻米

在聚苯乙烯泡沫塑料等隔熱材外包覆隔熱板所製成的榻榻米板，因不易發黴而被大量使用。蓆面幾乎都來自中國的藺草（燈芯草）。

用於榻榻米的防蟲膠布

蓆面下方與草墊之間會鋪上一層防蟲膠布，依日本公共工程的相關資料指出，這層膠布的成分仍未確認是否會對健康帶來不良影響，令人擔憂。

縫製邊緣的縫紉機

將化學榻榻米的蓆面邊緣部分與榻榻米板加以縫合的機器。

回針縫機器

最後一道程序中，將滾邊飾帶與榻榻米內側加以縫合的機器。只要事先調整好尺寸，機器就能自行運作。但是轉角等較細緻的部分，一定要師傅親手縫製，無法以機器取代。

為了達到大量生產以減低成本，機械化有其必要性。
但也因此，現今的榻榻米製品已不復見師傅的手藝。

■圖2　塵蟎的防範對策

> **塵蟎繁殖的條件**
> ● 營養的來源（人體自然脫落的皮屑、食物殘渣、灰塵等）
> ● 室溫高、溼度高
> ● 較隱密的地方（可以躲起來產卵）

基本上，就是日常生活中的「打掃」、「通風‧除溼」

打掃
經常進行清掃

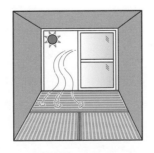

房間的通風
讓空氣與陽光進入房間

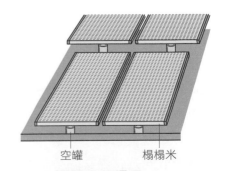

空罐　　　榻榻米

榻榻米的通風
趁出外旅行等家裡無人時，讓榻榻米透透氣

077

屬於純正自然材料的天然榻榻米

 Point 榻榻米由底板、蓆面、滾邊飾帶所構成，這三個部分最好都能使用自然材料。

屬於自然材料的複合建材

興建自然住宅時，一般來說最好避免使用複合建材。但榻榻米（疊蓆）則屬例外，它雖然是複合建材，但仍足以稱為自然材料。只不過，唯有榻榻米的蓆面、草墊與滾邊飾帶這三個部分全都由自然素材構成時，才能稱得上是純正的天然榻榻米。

底板・蓆面・滾邊飾帶的三位一體

首先是底板，以稻草製成的草墊是最佳選擇。草墊擁有優異的吸溼放溼性和彈性，坐臥起來感覺很舒服。

但是，現在由於考量到成本較高、且有發黴的顧慮，反而是以聚苯乙烯泡沫塑料和隔熱板製成的化學榻榻米在市面上占有壓倒性的多數。

製作草墊時，有時也會將舊的草墊回收再利用；但這麼一來，還是會讓人擔心是否會殘留防蟲用的萘、或防蟲紙的碎屑。因此購入時務必向生產者進行確認。

蓆面的產地以廣島、岡山、及熊本較富盛名。如果是想與生產者長期合作的業者，務必親自到產地了解實際原料栽培的狀況，也可以詢問是否有無農藥的產品（圖）。

滾邊飾帶大多是以有機顏料將人工纖維染色而成。我個人的做法是，委託當地的疊蓆行，請師傅們在有機棉上以柿澀（參照第120頁）染色。使用的縫線也最好選用木棉或麻。

鋪設榻榻米的現況與注意事項

在日本，過去幾乎每個房間都會使用榻榻米，不過，現在一棟房子中大約只剩一間房間會鋪上榻榻米。這或許是因為人們總擔心發黴與塵蟎的問題。但其實，只要一年裡有幾次，將榻榻米抬高約20～30cm以促進通風，也就足以防範前述情況的發生。

鋪設有榻榻米的房間，在設計上就必須考量到應有良好的通風及日照等條件。自然材料雖然需要顧慮的事項較多，但是也能得到加倍的安心與舒適感。

〔落合伸光〕

■圖　屬於純正自然材料的天然榻榻米其生產樣貌

位於廣島市郊外，利用湧泉水灌溉的藺草田。防蟲劑及除草劑只各噴灑一次。

年過七十的高齡生產者，時常為後繼無人而煩惱著。

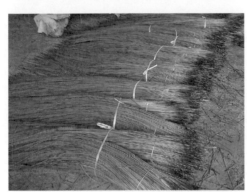

翠綠的藺草，能感受到生產者濃濃的心意。

天然泥染。

使用藺草製成的蓆面，柔軟中帶著颯爽感。

生產者使用自種的無農藥稻米的稻稈製成草墊，再與藺草蓆面縫合。

使用純正自然素材的天然榻榻米，能夠回歸大自然。
不使用藥劑，蓆面、底板、滾邊飾布、縫線全都使用自然素材。

078

什麼是軟木板

 Point 製作紅酒軟木塞後剩餘的部分可製成軟木板。優點多,值得納入採用考量。

環保建材

所謂的軟木板,是將軟木塞碎屑以接著劑膠合成板狀或磁磚狀的材料。除了完全無塗裝的製品外,也有使用陶瓷、特殊樹脂蠟、天然樹脂、天然油脂蠟、強化氨基甲酸乙酯、水性蠟等塗料進行表面處理的各種現成塗裝品。而依據塗材的不同,軟木板表面的強度與質感也會形成差異,用途也有所分歧。

軟木的原料是栓皮櫟的樹皮,主要產地是以葡萄牙為中心的地中海沿岸,每年5月〜7月間,由工匠以斧頭剝下樹皮。栓皮櫟在栽植約二十年後可進行第一次的採收,此後在樹木依舊挺立不乾枯的狀態下,大約每九年可剝取一次,如此持續下去,一棵樹大約有15〜20回、將近兩百年的使用壽命。而且,因為不必砍伐樹木本身,所以對環境保護上也有正面的評價。

將製作軟木塞後的殘渣、及剝取下來的樹皮(表面較乾燥、不平整)經過粉碎後,製成軟木碎屑。而後將0軟木碎屑加壓膠合加以固化,再以砂磨機研磨表面,並切成塊狀,最後在表面塗上蠟等塗料,軟木板就算是大功告成了(圖)。

興建自然住宅時,建議選擇F☆☆☆☆*、無塗裝,或是經天然油脂‧天然樹脂蠟塗裝的產品。不過,若有化學物質過敏症的人則較不適合。

軟木板的優點

軟木板除了是很好的環保建材外,還有下列許多優點:

- **彈性**:觸感及質地柔軟
- **止滑性**:摩擦力高
- **隔熱性與保溫性**:具氣泡狀結構,所以熱傳導率低
- **隔音性與吸音性**:能吸收物體落地時的聲音、走路的聲音、與日常起居活動的聲響
- **防水性**:即使用在衛浴流理等用水空間中也不易吸水,水分蒸發快(參照第177頁)
- **防火性與防煙性**:具碳化膨脹的特性,可延緩火勢
- **耐藥劑性**:幾乎不會和任何藥品生成化學反應,不會產生有毒氣體

〔大江忍〕

譯注:

＊「F☆☆☆☆」在日本JIS(工業規格)標示甲醛含量的等級標準中,代表甲醛含量≦0.3mg/L。依據日本建築基準法,唯具有此標示的建材在使用量上不受限制。

■圖 軟木板的生產流程

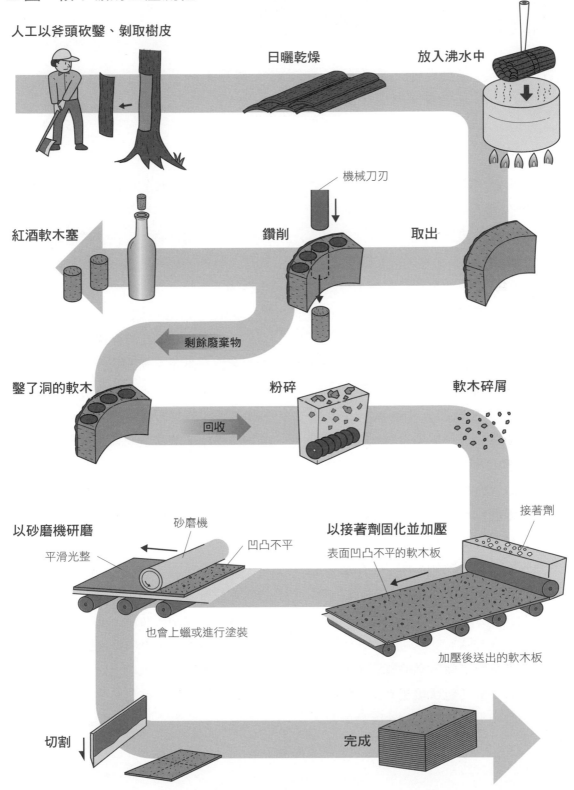

人工以斧頭砍鑿、剝取樹皮

日曬乾燥

放入沸水中

機械刀刃

紅酒軟木塞

鑽削

取出

剩餘廢棄物

鑿了洞的軟木

回收

粉碎

軟木碎屑

以砂磨機研磨

砂磨機

平滑光整

凹凸不平

接著劑

以接著劑固化並加壓

表面凹凸不平的軟木板

也會上蠟或進行塗裝

加壓後送出的軟木板

切割

完成

079

鋪設軟木地板

Point 建議在貼上軟木地板前先鋪設一層軟木墊。應先與屋主討論後，再決定使用何種接著劑。

木地板、軟木地板何者為佳

特別值得一提的是，就木造住宅而言，之所以會捨棄實木地板而改採軟木地板，大多是考量到軟木的設計感與優異的保溫性。不過，在自然住宅中鋪設軟木地板時，該如何處理基底是一個重要的問題。

軟木地板的基底該如何處理

鋪設軟木地板時，由於需有平整的基底面，所以大多會使用合板做為基底。實際上這樣的做法的確可使完工後的表面完整無缺，合乎屋主的期待。可是，當基底是實木的柳杉板時，若是直接貼上一層厚度約5～7mm的軟木板，反而容易顯露出基底不均整等缺點。所以，在這種情況下，建議在貼上軟木地板前先鋪設一層厚軟木墊（厚度有5、10、15mm可供選擇）做為基底（圖1）。

因為先鋪設了軟木墊的關係，就能使軟木地板的表面（包含接縫處）不致隨著基底的凹凸不平而出現起伏。而且如此一

來，還能提高地板的避震性能，並緩和傳到樓下的聲響。但是，也由於貼上兩層材料的緣故，勢必會使用更多接著劑，反而比起合板的基底要增加更多的揮發性有機化合物。

因此，建議可使用天然橡膠成分的天然接著劑。比起化學合成的接著劑，天然接著劑雖然不具備耐水性、費用也較高昂，而且味道較重，但乾燥之後氣味就會完全揮發。在選擇接著劑時，最好還是備妥實際樣本，讓屋主測試是否會過敏。

軟木地板與接著劑

使用軟木地板時，對於施工者與屋主而言，應將討論的焦點放在對使用自然材料一事該堅持到什麼程度。因為要是不使用軟木板廠商建議的接著劑，可能就無法納入其保固範圍。而且，最好也能先理解到：儘管並不違反日本病態建築症候群法規的規定，但軟木地板與合板一樣，也是使用接著劑固化的物品。

〔大江忍〕

■圖1 柳杉板上鋪設軟木墊與軟木地板

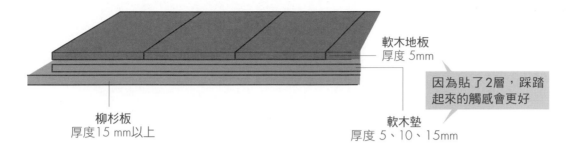

軟木地板
厚度 5mm

因為貼了2層，踩踏
起來的觸感會更好

柳杉板
厚度15 mm以上

軟木墊
厚度 5、10、15mm

可做為基底的合板因為需使用較多的接著劑，所以儘管符合F☆☆☆☆標準，也不能完全安心。

必須注意的是，做為基底使用的柳杉厚板要是沒有完全乾燥的話，就不能黏上接著劑。

■圖2 浴室張貼碳化軟木地板的實例

碳化軟木地板是使用接著劑將碳化的軟木粒固化而成的建材，因為不會發黴，所以很適合用在浴室。相較於石材或磁磚地板，觸感更溫潤柔軟。但是耐用性比石材差，大約每5～10年就需要更換一次。而且剛施工完畢時會有一股燒焦味，但大概經過半年左右就會慢慢散去。施作時最好能按照廠商建議的工法。

080

竹地板

 Point 竹地板可分為兩種：設計上能呈現竹子意象的橫積層、和可搭配溫水地暖系統的縱積層。

什麼是竹地板

竹地板是以天然孟宗竹進行加工而成的地板材。可依積層分成橫積層和縱積層兩種，橫積層為5枚竹片寬、3枚竹片厚；縱積層則是以17枚竹片寬、1枚竹片厚的單層縱積層。就外觀來看，橫積層看得到竹子的節目，可明顯分辨是竹地板。另一方面，由於縱積層的表面呈細長線條狀，因此要是不仔細看，也許還不會發現是竹製品（圖2）。

多元的尺寸與製品

一般來說，竹地板的一般尺寸是：寬90～150mm、厚12～18mm、長900～1800mm。也有少部分呈正方形的製品，尺寸有300mm、450mm、600mm，厚度為15mm。也有廠商會生產具有三邊凹槽、可用於人字型鋪設工法的加工製品。

另外，也有可直接貼在混凝土上方的製品。還有些廠商也生產了可搭配溫水地暖系統的縱積層竹地板，而且比起可搭配地暖系統的實木地板，價格更為低廉。

表面的色澤及塗裝

市面上的竹地板有兩種色調：一種是竹材本身淺淡的自然色調（圖1之④），還有一種是茶色。而茶色的竹地板並非經過塗裝染色，而是因乾燥時的碳化處理才產生色澤上的變化。（圖1之⑤）。

關於塗裝，也有無塗裝品、和現成塗裝品兩種。大多數廠商在製作現成塗裝品時，會在表、底兩面都塗上抗UV塗料（圖1之⑧），且塗料又可分成亮面及霧面效果兩種。如果不喜歡塗料的話，建議可選擇無塗裝品。

此外，由於製品的差異，可能會因表面或小面積的破損而發生粗糙翹起的狀況。關於這一點，也需要先和屋主進行充分說明，再決定採用何種製品。

〔編輯部〕

■ 圖1　竹地板的製造過程

①採伐
竹子一年可長至約15m，但是建材用的竹子要等它更為成熟，大約要等上3～6年後才能採伐。

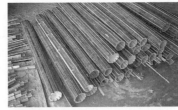

②切割
取用竹子由根部算起2～3m左右較厚實的部分，然後依長度分別進行切割。剩餘的十多公尺可以拿來當做竹纖維板等材料，物盡其用。

③縱切・削切
將竹片分類，除去內外層皮膜，裁切成30mm x 5mm左右的細竹片，再利用刨床將表面刨平。

④煮沸（只有自然色調竹片）
在熱水中加入過氧化氫，經過煮沸後除去油脂與糖份，達到抗菌防蟲的效果。

⑤碳化處理（只有茶色竹片）
將竹片放入碳化爐中進行碳化處理，為竹片增添色彩。

⑥乾燥
乾燥後使含水率達到8%上下。

⑦膠合
膠合成橫積層或縱積層。

⑧研磨・塗裝
研磨表面，並將表、底兩面都塗上塗料。

⑨完成

■ 圖2　橫積層與縱積層

橫積層
由三層竹片橫向積層而成的製品，能如實呈現竹子的表情及節目。想要強調竹子的意象時，選用橫積層較為合適。

縱積層
由多層竹片縱向積層而成的製品，擁有木頭直紋般的細長線條，竹子的節目也不明顯。強度比橫積層更好。

081

桐木地板

 Point 桐木雖然容易磨損，但質地較柔軟溫潤。近幾年也開始當做地板材使用。

質地柔軟的桐木

一直以來，桐木都被當做是製作家具（高級日式櫥櫃等）的原料來使用。做為建築材料的話，則大多做為牆壁材料使用；但近來也開始運用在地板上。

桐木的特徵為其柔軟性，而其柔軟正源自於桐木內部的許多空隙。桐木可透過這些空隙來儲存空氣，因而具有溫潤的觸感。這也是為什麼常有人說：「赤腳走在桐木地板上的感覺好溫暖！」的原因。而這些空隙也使桐木具有良好的調節溼度機能，因而能當成衣櫥的壁材來使用。另外，材質柔軟的桐材易於施工，適合精美的裝飾加工。

做為地板材使用時的問題

不過，用在建築上時，桐木的柔軟性卻成了缺點，因為它一經使用就容易磨損。使用桐木地板時，特別是擺放了椅子的房間，大約半年過後地板就會傷痕累累。而且，桐木地板除了收縮劇烈、容易磨損以外，還有不耐日曬的缺點。簡而言之，桐材就是這麼纖細嬌弱的材料。

如果屋主堅持非使用桐木地板不可，設計師便須好好理解這些缺點，並向屋主充分說明，獲得其接納後再行使用。

桐木的替代樹種

如果偏愛桐木般的淺白色紋理、以及素面無節眼的質感，但是又想要使用不易磨損的材料時，建議可以考慮鐵杉、美洲白蠟樹、水曲柳、南洋松等樹種（表）。

這些樹種都具有桐材般的淺淡色調，也具有適合做為地板材的硬度（其中鐵杉的強度較差），只要不是堅持非桐材不用，都相當值得採用。不過，這當中有許多是稀少的樹種，整體上來說成本會比桐材要來得昂貴。 〔編輯部〕

	桐木	鐵杉	美洲白蠟樹
	桐木地板	鐵杉地板	美洲白蠟樹地板
外觀	淡白色，紋理為不明顯的直紋，無節眼	淡白色，紋理為直紋，無節眼	淡白色，木頭紋理摻雜直紋與山形紋。一般來說，地板材大多無節眼，非常美麗
產地	中國、東南亞	中國	北美
表面硬度	非常柔軟	柔軟	硬
加工性	易於加工	易於加工	不易加工
塗裝	地板用材料以現成塗裝品（氨基甲酸乙酯塗裝）為主。由於容易吸收塗料，所以要注意避免造成表面不均	地板用材料以現成塗裝品（氨基甲酸乙酯塗裝）為主。較容易吸收塗料	地板用材料以現成塗裝品（氨基甲酸乙酯塗裝）為主。由於不易吸收塗料度，所以不易造成表面不均
價格	一般	價位偏高	價位高

	水曲柳	南洋松	
	水曲柳集成地板材	南洋松淡白色直紋	南洋松紅（褐）色直紋
外觀	類似美洲白蠟樹的紋理，略帶粉嫩乳白色。依據取材部位的不同，也有帶著些許灰色的木材。紋理明顯為其特徵	可分為兼具紅色心材與白色邊材、淡白色直紋、紅（褐）色直紋三種。紋理細密	
產地	中國	東南亞	
表面硬度	硬	較硬	
加工性	不易加工	易於加工	
塗裝	地板用材料以現成塗裝品（氨基甲酸乙酯塗裝）為主。由於不易吸收塗料度，所以不易造成表面不均	地板用材料以現成塗裝品（氨基甲酸乙酯塗裝）為主。較容易吸收塗料	
價格	價位偏高	價位高	

082

關於壁紙的選擇

 Point 可參考日本厚生勞動省訂立的指標與安全基準，慎重地選擇PVC壁紙。

PVC壁紙與病態建築症候群

壁紙可依材料分為PVC、布質、與紙質三種。現在一般所謂的「壁紙」，大多指的是PVC壁紙（由氯乙烯聚合後製成的聚氯乙烯壁紙）（圖2）。

而PVC壁紙正是造成病態建築症候群的主要原因。其內含的塑化劑（使塑膠變得柔軟）、阻燃劑、與接著劑（添加缺乏安全性的乙酸乙烯酯類合成樹脂）會逸散出甲醛等揮發性有機化合物，是令人擔憂的問題。

PVC壁紙除了具有會汙染室內空氣品質、廢棄時不好處理等對環境造成負擔的缺點之外，也不具備透氣性與調節溼度的性能。但是，若是家中有嬰幼兒或老人，從防水及耐髒性的角度來看，PVC壁紙還是有其優點。而且近來，即使是PVC類的製品，製作時也開始重視安全性的問題。

如果是以打造自然住宅為目標的話，最好慎重選擇PVC壁紙。因為若是將PVC壁紙用在牆壁、天花板等大面積部位，勢必會大大影響室內的空氣品質。

各式指標與安全基準

2000年，日本的厚生勞動省針對13項危害健康的高揮發性化學物質，頒布了室內濃度基準值。2003年，又依據修正建築基準法規定了甲醛的逸散量。這些有關壁紙安全性、化學物質總量的數值，可做為選擇壁紙時的依據基準*（表）。

另外，在日本除了有厚生勞動省頒布的準則以外，相關業界團體也自行訂定出各種安全基準，包括日本牆壁裝修協會的「ISM」、與壁紙工業會的「SV規格」。德國製的壁紙則有「RAL」的安心標章。同樣來自德國的「藍天使（DER BLAUE ENGEL）」標章，則是針對自然住宅業者偏好使用的紙質壁紙，訂出產品中的再生紙成分需占60%以上的認證標準（圖1）。　　　　〔落合伸光〕

譯注：
＊台灣的相關規範請參見環保署所公布的「室內空氣品質管理法」。

■ 表　日本厚生勞動省訂立的室內濃度基準值

化學物質名稱	室內濃度基準值		主要用途、補充	基準根據	實際調查發現對健康產生的不良影響
	μg／m2	ppm			
甲醛	100	0.08	工廠使用的木質材料用的接著劑原料、防腐劑	人體吸入時，會對鼻咽頭黏膜造成刺激	臭味閾值：0.08ppm，刺激眼‧鼻‧喉、發炎、流淚、接觸性皮膚炎，為2A類致癌物
甲苯	260	0.07	接著劑、塗料等溶劑	人體吸入時，會對神經行動和生殖機能造成影響	臭味閾值：0.48ppm，刺激眼‧氣管，高濃度長期暴露會造成頭痛、疲勞、無力感
二甲苯	870	0.2	接著劑、塗料等溶劑	已懷孕母鼠吸入後，會對新生鼠中樞神經系統的發展造成影響	與甲苯症狀類似
對二氯苯	240	0.04	衣服的防蟲、芳香劑	米格魯犬攝食後，會對肝臟及腎臟造成影響	臭味閾值：15-30ppm，高濃度長期暴露會影響變性血紅素生成
乙苯	3800	0.88	接著劑、塗料等溶劑	體型較大的老鼠和體型較小的老鼠吸入時，都會對肝臟及腎臟造成影響	臭味閾值：10ppm以下，刺激眼、喉、暈眩、意識模糊
苯乙烯	220	0.05	聚苯乙烯樹脂的原料	老鼠吸入時，會對腦部和肝臟造成影響	臭味閾值：60ppm，刺激眼、鼻、喉、嗜睡、無力感等
陶斯松	1（小孩是-0.1）	0.0007（0.07ppb）（小孩是0.007）	防蟻劑、建築基準法禁用	母鼠餵食後，會對新生鼠的神經發展及腦部發育造成影響	妨礙乙醯膽鹼酯酶生成、倦怠感、頭痛、暈眩、胸部壓迫感、嘔吐感、瞳孔縮小等
鄰苯二甲酸二丁酯	220	0.02	合成樹脂的塑化劑（簡稱DBP）	老鼠攝食後，會對睪丸造成影響，如組織的病理變化	刺激眼、皮膚、氣管
十四烷	330	0.04	塗料等溶劑	老鼠攝食C8-C16烷基混合物後，會對肝臟造成影響	高濃度下有麻醉效果、接觸性皮膚炎
鄰苯二甲酸二（2-乙基己基）酯	120	0.0076（7.6ppb）	合成樹脂的塑化劑（簡稱DEHP）	母鼠餵食後，會對新生鼠生殖器官造成影響，如結構異常等	刺激眼、皮膚、氣管、接觸性皮膚炎
大利松	0.29	0.000023（0.02ppb）	防蟻劑、殺蟲劑	吸入時，會對血漿及紅血球中膽鹼酯酶的活性造成影響	與陶斯松症狀類似
乙醛	48	0.03	接著劑原料、防腐劑	老鼠經氣管吸入後，會對鼻腔嗅覺黏膜造成影響	刺激眼、鼻、喉嚨，接觸型皮膚炎、高濃度下有麻醉效果、意識不清、支氣管炎、肺浮腫
丁基滅必蝨	33	0.0038（3.8ppb）	類防蟻劑	老鼠餵食後，會對膽鹼酯酶的活性等造成影響	妨礙乙醯膽鹼酯酶生成、倦怠感、頭痛、暈眩、噁心、嘔吐感、瞳孔縮小等
總揮發性有機化合物（TVOC）	400	——			

■ 圖1　主要的產品基準標章

德國的藍天使標章
環境保護運動的先驅，全球第一個環保標章。

德國的RAL標章
規定壁紙與使用原料的標章。

牆壁裝修材料協會的「ISM」標章
對於考量到人體健康與生態環境的室內裝修材料給予品質認證的標章。

壁紙製品規格協議會的SV規格
通過該協議會自行訂定的品質及安全性規格的壁紙可獲得此標章。

■ 圖2　95%的壁紙為PVC壁紙

PVC壁紙之所以吸引人是因為其價格低廉、樣式豐富，但也可依使用部位的不同而選擇布質或紙質壁紙。

083

推薦的紙質壁紙

 Point 紙質壁紙對環境友善、保養起來也省事。日本傳統的和紙也是不錯的選擇。

優異的天然系壁紙

我想推薦給各位的是「會呼吸的壁紙」，也就是紙質壁紙。從九〇年代前期，人們開始正視病態建築症候群時，以天然取向為訴求的業者也開始使用紙張來製造壁紙。主要的產品有德國製的「Runafaser」與「Ougahfaser」。這兩種產品都是以再生紙與木屑為主原料（圖1），所以幾乎可在石膏板、混凝土、砂漿等各種類型的基底上進行施作。紙質壁紙調節溼度的機能很好，燃燒時也不會產生戴奧辛。

紙質壁紙的自行保養方法也很簡單。一般的日常清潔只要用抹布擦拭即可，也可塗刷上水性塗料、或專用的天然塗料來重複進行補色。或者，還可以在施工完畢後直接使用，等到幾年後髒汙開始變得明顯時再進行塗裝。

自建房屋時採用日本的和紙

和紙也可以當成壁紙、或隔扇紙來使用，能令人享受其特殊的質感。特別是其施工方法簡單，只要撕取和紙加以張貼即可，非常適合DIY施工、或自行居家改裝

（圖2）。

紙質壁紙非常環保

對追求天然取向的人而言，月桃紙是相當受歡迎的壁紙材料（圖1）。月桃是群生在沖繩的薑科多年生植物。月桃紙散發著日式的美感，也有各種花樣可供選擇。

如果是非木材紙的種類，也有洋麻紙（圖1）可供選擇。洋麻可進行計畫性栽植，屬於可再生能源，所以是環保素材；但由於洋麻本身為外來種，還是不免讓人顧慮到它對生態系帶來的影響。

另外，雖然嚴格來說算不上是紙質壁紙，但還有一種日文稱為「木創」的自然材料壁紙（參照第241頁）。這種材料是以紙為內裏，再包覆、黏貼上未經藥劑處理的棉麻織品所製成，相當令人安心，也有100％有機棉的產品可供選擇。而且，這種產品是使用安全性高的漿糊來當成黏合紙張的接著劑，不會對健康及環境造成負擔，是理想的壁紙選項之一。

〔落合伸光〕

■圖1　代表的紙質壁紙

Runafaser · Ougahfaser

混合了再生紙與木屑的塗料基底用壁紙，具有優異的通風性及吸溼放溼性。可以進行5～6回的補塗。

和紙

以構樹、結香、與雁皮等植物外皮為原料。製造方式是使纖維緊密交絡後再進行抄紙，所以質地堅韌、且吸溼放溼性高。

月桃紙

月桃是沖繩周邊地區群生的薑科多年生植物，可製成典雅優美的月桃紙。

■圖2　和紙的DIY施工

① 使用自製的漿糊進行黏合

將麵粉加水溶解，並在火上加熱慢慢攪拌。因為漿糊很容易腐壞，所以要放入冰箱冷藏。

② 使用毛刷進行張貼

張貼時要使用毛刷一邊將空氣擠出、一邊張貼刷平。

③ 在隔扇上自行黏上和紙的成品

經過柿澀染色的和紙。就算屋主是外行人，但找到手感後也能達到這樣的效果。

084

和紙

Point 和紙擁有悠久傳統，也是很好的隔間材料。因為對環境相當友善，希望能多運用於住家。

重新評價並多加運用

一直以來，和紙都被當成是繪畫素材與傳統日式房屋的隔間材料來使用。不過，如今在我們身旁舉目可見的許多紙類，都是所謂的西洋紙。

過去曾有「紙張的使用量是衡量文化程度的指標」的說法，但是近半世紀以來，傳統的和紙卻漸漸失去了舞台，數量也愈來愈少。

和紙的優點

和紙是以構樹、結香、與雁皮等木材外側的韌皮纖維（圖1）為主原料，並使用抄網架這種工具將浸溼的纖維撈起所製成（圖2）。提到和紙，人們總想到其光澤與柔美所散發出的感性印象，但大多不知道和紙其實具有非常高的機能性。

首先，和紙不易破損、品質也不易劣化。儘管經過數百、甚至數千年，今日我們依舊能夠親近日本平安時代的王朝文學（西元8～12世紀），也要歸功於和紙的這個特質。

和紙的調節溼度功能非常好，在溼度高的地方會協助吸溼，在乾燥的地方則會排出水氣。而且，由於纖維與纖維之間的空隙大，也具有保溫效果。和紙還具有分散聲音及光線漫射的效果，所以貼在牆上時，能使整體空間富有豐富的明暗光影變化，迴盪的聲音也較柔和。最近，甚至出現和紙可阻隔紫外線、防禦電磁波的說法。和紙又因為容易帶負電，所以能吸取帶正電的塵埃、塵蟎以及甲醛等化學物質。基於以上理由，和紙相當適合當成內裝材料。

對環境友善

而且，最重要的是，相較於無法新生的木屑，做為和紙原料的韌皮纖維則能自行再生。只要將剪去樹枝的植株留下來，過冬後構樹就會再長出枝枒，所以對環境相當友善。

對於自然住宅來說，和紙是不可或缺的素材，希望未來在我們的日常生活裡也能多加利用。　　　　〔落合伸光〕

■ 圖1 和紙的代表原料

構樹

桑科的落葉喬木。纖維又粗又長、非常堅韌，所以可以當做拉門紙、裝裱用的覆褙紙、美術用紙等來使用，用途廣泛。

結香

瑞香科的落葉灌木。由於結香枝幹的分叉部分必定呈現為三叉狀態，所以日文中又有「三椏」的別名。 是日本傳統的製紙原料。

雁皮

瑞香科的落葉灌木。纖維又細又短，可當做製作金箔或銀箔時中間的夾層紙，也可以當做是貼在隔扇上的糊褙底紙。

黃蜀葵

主要使用黃蜀葵根的部分。製作和紙時添加從其根部抽出的黏液，有助於植物纖維均勻分散。

■ 圖2 和紙的製作流程

煮熟

撈起纖維平鋪

過濾

壓榨

打散

乾燥

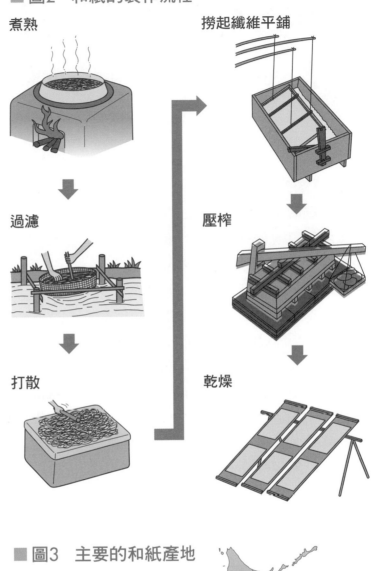

■ 圖3 主要的和紙產地

越後和紙（新潟）

本美濃和紙（歧阜縣）

京和紙（京都府）

小川和紙（埼玉縣）

石州和紙（島根縣）

江戶唐紙（東京都）

伊勢和紙（三重縣）

美栖紙（奈良縣）

土佐和紙（高知縣）

高野和紙（和歌山縣）

085

張貼和紙（打底）

Point 和紙容易反映出基底的顏色與不平坦的部分。最好選用適合的漿糊。

需要準備的工具

施作時需要準備的工具包含：扁刷（用於刷上漿糊與撕開和紙，刷毛短硬）、撫刷（用於張貼刷上漿糊的和紙，刷毛柔軟）、木柄平口刮刀（用於裁切多餘的和紙）、竹起子（用於撕開和紙與壓住紙張邊緣）、噴霧器、美工刀、捲尺、與墨斗。

對於第一次嘗試的人來說，選用大小約自己的肩膀寬度左右的和紙，可以貼得比較美。一般來說，推薦67×136mm的小版、97×188mm的中版，處理起來會較為順手。

自製漿糊

施作前一天，必須先行自製所需的漿糊。將高筋麵粉或普通麵粉與水以1：5的比例調合並以大火加熱，一邊熬煮、一邊攪拌，直到呈現透明的糊狀。高筋麵粉因為含有較多麩質，比起普通麵粉可製成更有彈性的漿糊，適合紙質較厚的和紙。也需要先準備好用於和紙手撕處的稀釋漿糊（參照第190頁）。

在石膏板上張貼和紙

張貼和紙的方法有兩種，一種是直接將紙貼在基底上即告完工的單層工法；另一種是在已貼好底層和紙的基底上，再重覆貼上表層和紙的多層工法。多層工法因為是重複貼上較薄的和紙，所以完工後的表面可呈現出纖柔的質感。另外，由於貼在基底的底層和紙是採用「袋貼法」（只在和紙四周刷上漿糊加以浮貼），紙張會像袋子般呈現中空狀態，可自由呼吸，所以也有助於調整溼度。關於袋貼法請參照下一篇。

基底處理的重要性

單純在基底上貼上一層和紙時，基底的處理就變得非常重要，因為和紙很容易反映出基底的殘屑與汙垢。所以，要先在石膏板交接處、或螺絲孔洞處進行補土處理。接著，從「邊緣貼合」的步驟開始：為了讓完工面看起來比較美觀，可用美工刀裁切出長度8cm左右的和紙，貼在基底四周邊緣、門窗框等處（圖）。

〔落合伸光〕

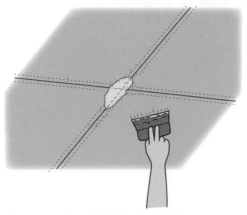

① 在天花板的接縫處進行補土處理

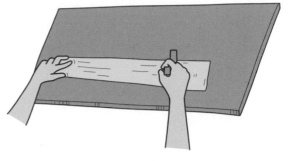

② 在用於邊緣貼合的和紙上刷上漿糊

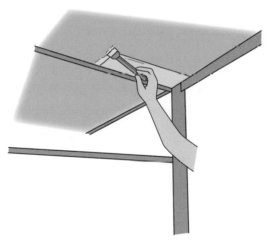

③ 進行「邊緣貼合」，在與天花板與地
　板等部位的交接處貼上和紙

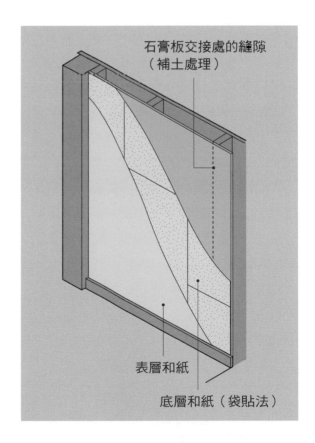

石膏板交接處的縫隙
（補土處理）

表層和紙

底層和紙（袋貼法）

086

張貼和紙（袋貼法）

 Point 製作隔扇時一定要使用袋貼法。只要用心找尋，就能發現許多雅緻的和紙。

裁切和紙與上糊

以下接續上篇所述。進行「邊緣貼合」後，接著決定張貼紙面的大小、並加以裁切。尺寸約在50×50cm左右，處理起來會比較方便。裁切和紙時，先以美工刀裁開相互垂直的兩側，相對的另外兩側再以手撕的方式處理。進行手撕時，先將紙折成使用時所需的大小，然後以扁刷沾水浸溼折線的地方，接著再用手沿著折線向兩側撕開，這麼一來，撕開部分就會留下和紙的纖維。以撕開處重覆黏貼的話，完工後的表面就不會太厚，看起來也很美觀。

為和紙上糊時，得將多張和紙對齊手撕處、並加以重疊，在手撕的兩側刷上約5mm寬的稀釋漿糊。然後，將已刷上漿糊的和紙平轉180度，再於經美工刀裁切的兩側刷上未稀釋的漿糊。

張貼底層和紙

張貼時，要注意重疊黏貼的方向。一般來說是從左下角處向右邊橫貼，不過也要考慮到光線照射角度等條件。將和紙手撕的兩側朝向牆壁或地板、再往外逐一貼

出去，貼到事先進行過邊緣貼合（參照第188頁）處時需留下5mm左右的空隙。接續的後一張紙，則需將其手撕部位重疊在前一張紙經美工刀裁切的部位上。這種張貼方法也考慮到紙張的收縮問題，只要重疊黏貼處約為3cm，就不會有太大問題。

張貼表層和紙

表層和紙要等底層和紙完全乾了之後才能開始張貼。與底層和紙一樣先決定紙面的大小並加以裁切，然後用扁刷為一整張和紙上糊，靜置約15分鐘左右、等紙張乾燥後再開始張貼。重疊黏貼處約為1cm左右，需使用撫刷來輕刷紙面、將內側空氣擠出以進行張貼。只要在基準點的地方先預設好基準線，就可確認貼面是否呈現水平，能張貼得很漂亮。全部張貼完畢後，為了避免日後沾上灰塵或出現紙絮，需在和紙表面再刷上一層稀釋漿糊做為保護，如此才算大功告成。另外，由於和紙的角落容易不服貼，所以可使用竹起子等輔助工具一邊壓整、一邊張貼。

〔落合伸光〕

■圖　在石膏板上張貼和紙（袋貼法）

① 將用於袋貼法的和紙斜向移動，以毛刷均勻地塗上漿糊

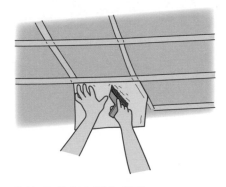

② 在天花板上進行袋貼

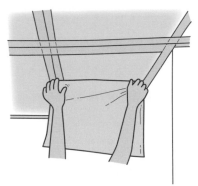

③ 將帶有水分而可延展的和紙，依預定的尺寸進行黏貼

④ 兩人協力，仔細張貼上層和紙

⑤ 使用毛刷，確保紙張平整，仔細地張貼固定

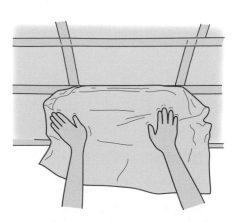

⑥ 表層所用的「鳥子紙」（較厚的雁皮紙）弄髒時很顯眼，所以必須使用另一張紙鋪在上頭並確實張貼固定

087
屬於自然材料的石材

Point 石材能為空間營造出莊重感。蓄熱性高,也具有畫龍點睛的設計效果。

在住宅中使用石材

在住家中使用石材能營造出莊重感。隨著多元的呈現方式,還能打造出各式各樣的樣貌,頗富趣味。

石材常被拿來用在玄關地面、傳統浴室的地面及牆壁、廚房衛浴等用水處的牆壁。也有部分運用於支柱礎石、踏階、廚房流理台等處。另外,若想活用石材的蓄熱性能,也可鋪設於南側窗邊的地板、放置燒柴暖爐處的地板或四周牆壁等(圖右下)。

市面上的石材大多是進口材。雖然仍是自然材料,但還是希望盡可能使用當地出產的石材。再者,大理石、御影石、大谷石都是可以在日本國內取得的建築用石材。

花崗岩＝御影石

出產自神戶市六甲山山麓的花崗岩,自古以來就被稱做「御影石」,流通於全日本。可是六甲山脈已被指定為國立公園,所以無法再進行開採。現在,御影石也變成所有花崗岩的代稱,因此各種風格獨具的御影石仍在各地流通、販售。

而且,因為六甲山脈無法再開採的緣故,神戶的御影石(也稱為本御影石)目前大多仍沉睡於地表下。為了有效利用因土木工程而偶然出土的本御影石,也成立了所謂的「石材銀行」這種機構,負責保管與提高石材的活用度。因此,現在仍能取得如夢幻逸品般的本御影石。

其他石材

龍山石是凝灰岩的一種,特性為相當堅固,因此主要用於建築上(圖左下)。

丹波鐵平石則因其色調而受到歡迎,常設置在庭院裡、或是當做踏石來使用(圖右上)。

另外,雖然日本國內並未多加關注,但有些石材含有屬於空氣汙染物質的「氡」,特別是進口石材、與部分日本國產石材內含有高濃度的氡,這點需要特別注意。 〔山田知平〕

■圖　石材施工實例

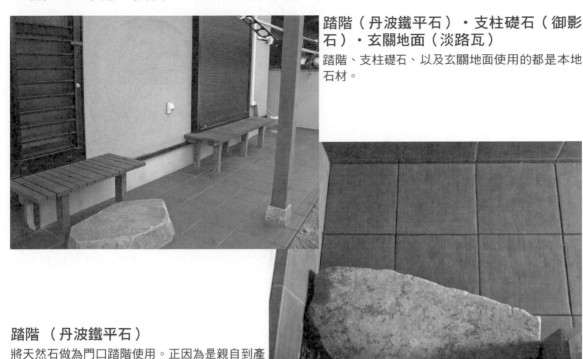

踏階（丹波鐵平石）・支柱礎石（御影石）・玄關地面（淡路瓦）
踏階、支柱礎石、以及玄關地面使用的都是本地石材。

踏階（丹波鐵平石）
將天然石做為門口踏階使用。正因為是親自到產地挑選，才能發現這樣的石材。

玄關地面（龍山石）
將裁切成正方形的石板加以緊密鋪設的施工實例。天然石的色調獨具韻味，相當賞心悅目。

鋪設在燒柴暖爐下方地面（龍山石）
在燒柴暖爐的四周鋪設石頭，兼具不燃與蓄熱這兩項優點。

088

建築用的石材

 Point 掌握石材的共通特徵、以及不同石材的個別性質,依據使用部位加以選用、施工。

使用石材時的注意事項

石材的共通特徵是:比重較重、熱傳導率較高、以及不太會因熱度而膨脹。但是,根據石材種類的不同,各自的強度(硬度)、耐熱度、耐藥劑性、吸水性等也有很大的差異。研磨後所呈現的光澤感,也是天差地別。所以,使用石材時必須考慮到其特性與美感、以及將用於何處,來進行石材的加工與施工。

代表的工法

鐵平石等石材由於可切割成扁平的片狀,相當適合善用其經切割後的形狀,鋪設在玄關地面與牆壁等處。若是鋪在地板上,施工時需特別注意高度的平整,以免人們走在上頭時被石材絆倒。

大理石雖然廣泛用於建築中的各種部位,但其實大理石很怕清潔劑,所以使用場所上也有所侷限。大理石的主要成分是由鈣與鎂構成的碳酸鹽,不耐酸性侵蝕。因此,大理石嚴禁使用酸性清潔劑,最好也避免鹼性清潔劑、洗淨劑。

而御影石因為不易吸水,所以一般多用在洗臉台、牆上會濺到水的廚房衛浴等用水處,也可將御影石鋪設在浴室裡當成地面或牆壁。但是,由於御影石本身升溫較慢,就算淋上熱水還是要等上一段時間才會變暖,所以,或許還得採取其他可提高浴室溫度的方法。

以噴火槍進行過燒面處理的石材,最適合當做浴室的地板材。石材的表面在經過高溫處理後,就會變得凹凸不平而具有止滑效果。一般多以此工法來對建物室內外的地板石材進行加工。但是,其缺點也在於石頭色調會因此變淡,且表面容易累積汙垢。

另外,鑿槌法是以特殊的槌子(槌面呈現凹凸模樣)在石材表面進行敲打的加工法,可使表面呈現均勻的凹凸狀,因此與燒面處理一樣有止滑的效果。只是,如果石材本身的厚度不足,便無法使用鑿槌法。鋪設時,必需考量到石材的厚度與重量,以選擇適合的工法。 〔山田知平〕

■圖 主要日本國產石材（目前仍可取用者）

名稱	產地	分類
札幌軟石	北海道札幌市	凝灰岩
十和田石	秋田縣大館市	凝灰岩
玄昌石	宮城縣石卷市	黏板岩
担石（かつぎ石）	宮城縣松島町	凝灰岩
松島石	宮城縣松島町	凝灰岩
稻井石	宮城縣石卷市	黏板岩
蘆野（白河）石	福島縣那須郡那須町	安山岩
稻田御影	茨城縣笠間市	黑雲母花崗岩
大谷石	栃木縣宇都宮市	石英粗面岩質凝灰岩
鬼怒石	栃木縣宇都宮市	凝灰岩
多胡石	群馬縣高崎市	砂岩
新島抗火石	東京都新島村	石英粗面岩
本小松石	神奈川縣足柄下郡真鶴町	輝石安山岩
山崎石	山梨縣甲府市	安山岩
諏訪鐵平石	長野縣諏訪市	安山岩
若草石	靜岡縣田芳郡韮山町	凝灰岩
蛭川石（惠那御影）	岐阜縣中津川市	花崗岩
能登赤石	石川縣輪島市	安山岩破碎熔岩
笏谷石	福井縣福井市	凝灰岩
北木石	岡山縣笠岡市	花崗岩
萬成石	岡山縣岡山市	花崗岩
尾立石	廣島縣吳市	花崗岩
來待石	島根縣松江市	凝灰岩質砂岩
美禰大理石	山口縣美祢市	變質石灰岩
庵治石	香川縣高松市	黑雲母花崗岩
諫早石	長崎縣諫早市	砂岩
平島石	長崎縣五島列島	砂岩
琉球石灰華	沖繩縣全境	石灰岩
琉球石灰岩	沖繩縣全境	石灰岩

札幌軟石

玄昌石（黏板岩）

十和田石

担石
石松島石

稻井石（黏板岩）

多胡石（砂岩）

鬼怒石

大谷石

稻田御影

能登赤石

諏訪鐵平石

山崎石

笏谷石

本小松石
新小松石

丹波鐵平石

龍山石

若草石

來待石（砂岩）

新島抗火石

美禰大理石

蛭川石

庵治石

萬成石

平島石（砂岩）

北木石

諫早石（砂岩）

琉球石灰華
琉球石灰岩（黏板岩）

089

鋪貼石材時的注意事項

Point 根據石材的特徵與性質,決定使用場所。太大的石材不適合做為地板材。

鋪貼石材時的注意事項

以下,將針對一般住宅在局部鋪貼石材時所使用的溼式工法進行解說。

溼式工法可運用在地板工程上,首先得平抹上一層厚約2～3cm的砂漿(摻入少量水的水泥砂漿)進行打底,而後在其上塗抹一層純水泥漿,最後才鋪貼上石材。鋪貼後以橡膠槌輕敲,趁水泥砂漿硬化固定前,調整石材的平整度與密合度。

可以運用在地板上的石材種類有:御影石、大理石、石英岩、砂岩、鐵平石等。而石材的鋪貼方式,則有與磁磚相同的規則拼貼、和馬賽克拼貼。必須根據各種石材的特徵與性質,來決定施工方法與最後的修整方式。

鋪貼於地板時,所使用的石材尺寸最好不超過大型磁磚的大小。若是石材尺寸太大,底部便容易產生空隙,造成石材或接縫處裂開。

鋪貼於牆壁時,一般使用砂漿來施工,而且考慮到石材脫落的可能性,最好盡可能選用薄片石材。若是在高處的牆壁上施工,為了確保安全,也可以考慮採用以五金構件來固定石材的乾式(乾掛)工法。另外,還有使用黏著劑等材料的壓著工法與黏著劑工法。

其他注意事項

為了防止石材因結構體晃動等原因而裂開或脫落,石材間一定要留有縫隙,這點相當重要。

當使用的石材較重、且有一定厚度時,石材下方的黏貼層就務必要鋪得更厚實。而且,因為每塊石材在色調濃淡上都有所差異,所以施工前應先試著將石材擺設過一遍,以評估整體的協調感,這個步驟也很重要。

如果是表面有纖維圖樣的石材,裁切時可能會出現沿著圖樣裂開的狀況。因此,最好能訂購多一點材料備用。

進行地板或牆壁的施工時,有時也會將有機溶劑做為接著劑使用;不過就算不使用有機溶劑也能進行施工,因此最好能事先告知工匠避免使用有機溶劑這類非必要的材料。 〔山田知平〕

■圖1　地板石材的基本收邊法

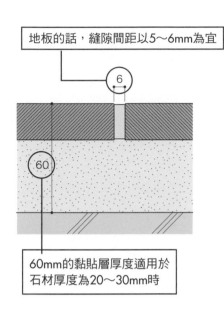

地板的話，縫隙間距以5～6mm為宜

⑥

㊿

60mm的黏貼層厚度適用於
石材厚度為20～30mm時

■圖2　踢腳石材的收邊法

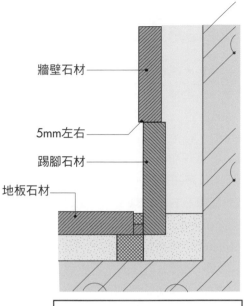

牆壁石材

5mm左右

踢腳石材

地板石材

一般來說，踢腳石材會比牆壁石
材內縮約5mm左右

■圖3　玄關與地板交界處邊框的收邊

和地板一體成型

如果邊框與地板的相接處不是使用石材的話，
務必進行倒角處理（削去尖銳邊角），設置時
也要確保只有平滑的部分略高於交接處。

玄關與地板交界
處的邊框，有直
接與地板一體成
型、踢腳處另為
其他材質的兩種
形式。不論是哪
種形式，邊框尾
端都會收整入地
板內。

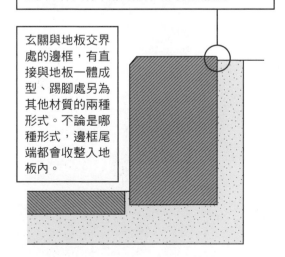

踢腳處另為其他材質

這個部分若是木製的話，收邊方式
也相同。

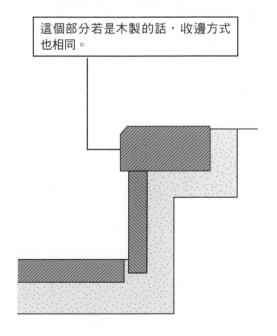

COLUMN

樹與光的家

　　這棟美麗的木造住家，是由當地木工及師傅們手工打造、以長榫組合而成，特別採用了即使在地震頻繁地區也能安心的結構設計。木製窗框與門窗都是手工製作，廚房及家具也都是特別訂製的固定家具。

　　所使用的木材全都是日本國產的當地木材，包含了：栗駒山麓的柳杉和扁柏、宮城 岩手的栗木和赤松、與青森羅漢柏。所有材料的產地明確，也具有製造與流通過程的可追溯性。而且，屋內都是能回收再利用的素材。

　　木材的乾燥方式是煙燻乾燥。由於和煙燻食品的原理相同，所以不使用化學藥劑，還可增添木材的強度、耐用性、防蟲、防腐、及防黴效果。

　　整棟住宅從塗料到蠟，排除任何化學產品，並且完全不用塑化劑、接著劑、合板類材料。因為採用的都是能回歸大自然的自然材料，所以也有益地球環境。

　　最後，可說是完成了一棟通風良好、光線充足、能大口呼吸清新空氣的舒爽住宅。

〔大場隆博〕

客廳

外觀

室內

廚房

6

為自然住宅
選擇隔熱材

090

以隔熱達到節能效果

Point 以適當的隔熱，實現對環境友善的節能生活。

對地球暖化的影響

現今，地球暖化已成為重大議題，而其主因一般多指向二氧化碳與溫室效應氣體的增加。其中，和建物相關的二氧化碳排放量多得驚人，占了社會整體排放量將近四成。

有鑑於此，人們也開始在住宅上要求提升節能程度。從興建住家開始、實際居住期間、到最終廢棄不用為止，住宅的整體生命循環應如何避免對環境造成額外負擔，這點變得益發重要。

特別是建築物的隔熱程度，更直接關乎使用冷暖器設備時所消耗的能源能否降低。當然，還必須考慮到隔熱材從生產、製造、到運送的整個流程中所消耗的能源。

使用最低限度的能源

只要跳脫以使用冷暖氣為前提的傳統思維，嘗試進一步思考，便能看見這樣的願景：「就算不使用需耗費燃料能源的冷暖氣，也能打造出令人舒適的空間。」

可落實這個願景的方式，就是依建物所在區域選擇合宜的隔熱方式，藉此提高建物本身的機能性，打造出不易受室外熱環境*影響的室內空間。這麼一來，也能達到最大的節能效果。

即便如此，有時仍難免會覺得室內過熱或過冷，這時最好仍以達到最大節能效果為考量，僅在必要時使用最低限度的能源，例如：電力、煤油、瓦斯、柴薪等。

新形態的節能住宅

目前相關從業人員正持續研究節能住宅的極致版本，也就是在最大程度上有效利用隔熱材所打造而成的「零耗能住宅」。而且，大量使用自然風與日照熱能的「被動式節能設計」，也是以非有隔熱性能不可的前提才能成立（圖）。

像這樣，藉由確實做好隔熱以抑制石化能源的使用頻率及總量，就能達到節能與降低二氧化碳排放量的效用。

〔落合伸光〕

譯注：
＊「熱環境（thermal environment）」是指由可影響人體冷熱感覺的各種因素所構成的環境。室外熱環境即指各種氣候因素，與建築物密切相關者為：太陽輻射、空氣溫度、空氣溼度、風及降水等。這些因素會透過建築的圍護結構、外門窗及各類開口等影響室內的氣候條件。

■圖 零耗能住宅與被動式節能設計

地球暖化

在社會整體排放量中，和建物相關的CO_2排放量就占了將近四成！

住宅

抑制CO_2排放量

盡量不用會產生CO_2的石化能源，例如：石油、瓦斯、電力

（LCA）生命週期評估

考量住家的CO_2排放量時，必須從將興建、居住、到廢棄的這三個階段視為整體來加以考量

隔熱

可抑制冷暖氣等所耗費的能源，能達到最大的居家節能效果

零耗能住宅

不易受室外熱環境影響，是就算不使用需耗費燃料能源的冷暖氣、也能令人感到舒適的空間！

被動式節能設計

太陽能： 透過將太陽光直接導入室內的設計，使建築物本身能直接蓄熱。冬天時可在白日先將熱能儲存於牆壁或天花板，再於夜晚放熱。

地　熱： 活用地熱的嘗試近來日益蓬勃發展，可望成為未來的新能源。

風　力： 被動式節能設計是以通風管線來促進空氣流動，從而打造出舒適的居住環境。

雨　水： 可在玄關處放置美麗的陶器來盛接雨水。儲存的雨水可以用於庭院澆灌、或路面灑水。

091

可避免木材腐朽的防溼處理

Point 天然類隔熱材具有良好的防溼效果，能避免結露、預防發黴。

結構木材的腐朽

將玻璃纖維棉等纖維類隔熱材填入牆壁內部、當做填充隔熱材使用時，恐怕會導致牆壁室外側出現內部結露的情況。所謂的內部結露，是指牆壁內部的水蒸氣遇到溫度較低的牆面而冷卻、凝結成水珠的現象。

如果結露的狀況不算太嚴重，只要等它自然乾燥即可。但是，如果一再發生結露，水珠無法乾燥而滴下的話，終究會浸溼地檻及柱子。

溼氣也會使黴菌及腐朽菌孳生，造成木材腐朽，進而減弱建物的結構強度與耐用性。而且，黴菌的孢子會隨空氣四散，成為過敏原，也因此提高了對居住者健康造成負擔的風險（圖1）。

設置防溼層

為了避免牆壁內部出現結露，必須讓蒸氣不易從室內側進入（透溼性低），但容易從室外側向外散失（透溼性高）。一般來說，可在牆壁室內側的基底下方鋪設聚乙烯防水布做為防溼‧氣密層，室外側則可設置通風層。另外，為了不讓水蒸氣累積在牆壁內部，也必須選用第三種通風方式以維持室內的負壓[1]狀態（圖2）。

不需防溼層的隔熱材

天然類隔熱材大多具有良好的吸溼放溼性，因此使用在牆壁內部時也能有效防溼。在日本，部分的羊毛隔熱材與再生木質纖維隔熱材等材料已取得國土交通省的防露認可，所以在關東以西一帶、也就是所謂「次世代節能基準」的第四區域[2]中，就算不另行設置防溼層也能使用。

也因此，許多施工業者在施工時並未設置防溼‧氣密層，但是這並不代表完全不必擔心會有結露的風險。施工時最好仍經過周詳的規劃，並採用可因應施工區域條件的合宜對策。 〔落合伸光〕

譯注：

1.「負壓」是指透過將室內空氣排出屋外，使室內氣壓低於外部氣壓的狀態。如此一來，便能迫使室外空氣進入，形成對流。

2.日本全國區分為六大區域，依地區不同，基準也有所不同。

■圖1　隔熱與結露的關係

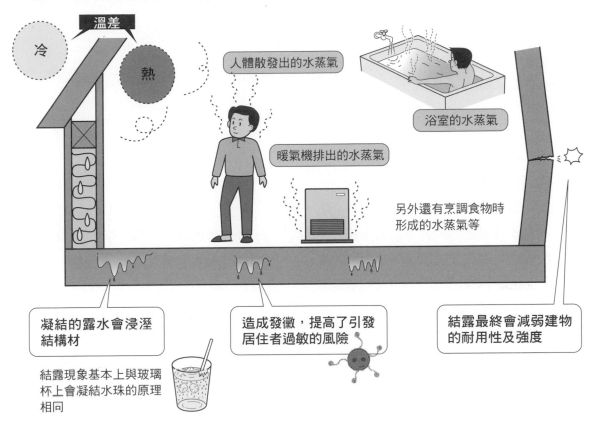

冷

溫差

熱

人體散發出的水蒸氣

浴室的水蒸氣

暖氣機排出的水蒸氣

另外還有烹調食物時
形成的水蒸氣等

凝結的露水會浸溼
結構材

結露現象基本上與玻璃
杯上會凝結水珠的原理
相同

造成發黴，提高了引發
居住者過敏的風險

結露最終會減弱建物
的耐用性及強度

■圖2　不易結露的隔熱結構

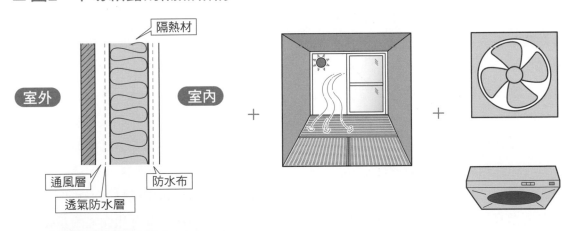

隔熱材

室外

室內

通風層

透氣防水層

防水布

設置通風層
●能使溼氣向外逸散、防止結露
●也有遮蔽日光等的效果

窗戶及通風口的自然通風

使用通風扇等機器
促進通風

092

隔熱的基本考量

 Point 希望能採用適合區域環境、具備隔熱與氣密性、且不會結露的隔熱材。

因隔熱論戰而引發的再思考

幾年前，日本由於某新聞專欄裡介紹了一本關於外部隔熱的書，因而掀起了內部隔熱與外部隔熱的論戰。內部隔熱（填充隔熱）由於容易造成牆壁內部的結露，而在當時招來外部隔熱支持者的強烈批評。這場激烈的論戰如今雖已平息，但也成為一個良好的契機，使設計者、施工者得以重新思考隔熱的方式。

隔熱的兩個重點

① 具有高隔熱性

隔熱性可以分別代表隔熱與氣密的下列兩個數值來表示，數值愈高，便代表性能愈好。

- Q值（熱損失係數）：從住家整體逸散的熱能
- C值（相當於空隙面積）：以住家角落空隙的熱能數值來表示氣密性

② 不會結露

施工上必須採取適當的方式來處理溼氣的問題。

不過，在溼度變化大的區域，就算這兩個重點都達成了，隔熱材是否能保持良好狀態、充分發揮性能，也仍是個問題。

附帶一提，天然類隔熱材對於溼度過高、或過於乾燥的狀況都能加以調節，可有效防止牆壁內部出現結露（參照第211頁圖1）。

什麼才是適當的隔熱標準

隔熱與氣密性，這兩者能發揮某種程度的加乘效果。只要確實做好隔熱與氣密工程，就能縮小室內的溫差變化，居住起來會比較舒適。而且，所耗費的能源也會減少流失，還有助於削減二氧化碳的排放量。

至於隔熱與氣密的標準應到何種程度才適當，這點十分重要。在日本，依據區域環境的不同，有些地方會相當要求隔熱材的厚實程度，不過基本上還是以符合次世代節能基準（參照第202頁）為主（圖1）。

近來，天然類隔熱材也變得容易取得。天然類隔熱材是自然住宅的基礎，因此希望各位能積極地加以選用（圖3）。

〔落合伸光〕

■圖1　隔熱的目的與參考指標

目的
在氣溫及溼度變化下，使住家保持良好的隔熱機能

↓

參考指標
①參考Q值與C值
②以符合次世代節能基準為主

↓

考慮隔熱性能優異、循環性高的天然類隔熱材

■圖2　天然類隔熱材的結構實例

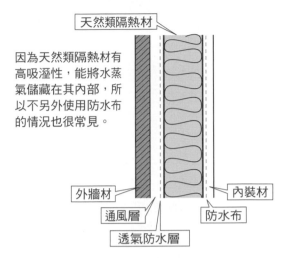

因為天然類隔熱材有高吸溼性，能將水蒸氣儲藏在其內部，所以不另外使用防水布的情況也很常見。

天然類隔熱材

外牆材　　內裝材
通風層　　防水布
透氣防水層

■圖3　主要的隔熱部位與天然類隔熱材

牆壁隔熱
在施工現場填入再牛木質纖維隔熱材。

地板隔熱
在樓板格柵間鋪設羊毛隔熱材。

特點
①每一根纖維的內部都有充滿空氣的細胞腔
②眾多纖維絡合在一起時，能製造更多的細胞腔
③細胞腔會阻礙熱能與聲音的傳導
④再生木質纖維因為有獨特的吸溼放溼功能，能維持適當溼度

特點
①羊毛能吸取空氣，內部有許多小孔隙
②對於水蒸氣的吸溼放溼性高，因此許多業者在施工時不另外使用防水布
③表面的撥水性高
④通常材料裡含有聚酯纖維，但近來市面上也可找到100%初剪羊毛的產品
⑤在天然類隔熱材裡屬於價格便宜的材料

我是會呼吸的隔熱材，很暖和喔！

093

選擇隔熱材的方法

 Point 每種隔熱材都各有利弊。為了提高氣密性、避免結露，須確實地進行施工。

隔熱材的分類

現在市面上流通的隔熱材，大致上可分為三種：無機質纖維類（玻璃纖維綿、岩棉等）、石化塑膠類（聚苯乙烯泡沫塑料、氨基甲酸乙酯泡沫塑料等），以及天然類（再生木質纖維隔熱材、羊毛等）（表）。天然類隔熱材屬於較為近期的產品，大約是在病態建築症候群問題浮上檯面的九〇年代中期起，才開始興起。

選擇時的參考基準

- **隔熱性**：以熱傳導率的數值來看，由高到低依序為：塑膠類、無機質纖維類、天然類。
- **防火性**：防火性以無機質纖維類的表現最為優異。天然類可使用硼酸等添加物來提高防火性，塑膠類的防火性則較低。
- **防蟻性**：以無機質纖維類為佳。塑膠類、天然類隔熱材則可使用添加物來提高性能。
- **環境負荷度**：可從生產製造時耗費的能源、廢棄時的可回收程度、以及對居住者造成的健康影響三個層面來進行考量。雖然實際數據不多，但仍可推論以天然類較為優異。
- **價格**：以無機質纖維類最實惠。雖然一般來說天然類價格較高，但是羊毛隔熱材中也有價位較低廉的產品。

如何選擇隔熱材

在日本曾喧騰一時的外牆隔熱爭論，最近也已歸於平靜。說到底，重要的並非隔熱材的施工部位，而是透過確實的施工，提高氣密性以達到一定的隔熱效果，並確保建物不會出現結露現象。每種隔熱材都各有利弊，因此可依照自己的優先條件來選擇材料。

選用天然類隔熱材時，大多不需在牆壁室內側另行鋪設防水布，施工難度也不高，是可多加利用的優質材料。而且，使用天然類隔熱材，也稱得上是自然住宅的必要條件。　　　　〔落合伸光〕

■表　主要的隔熱材性能比較

隔熱材		隔熱性	環境負擔性		防火性	防蟻性	價格
			製造時耗費能源	廢棄時耗費能源			
無機質纖維類	高性能玻璃纖維綿	○	○	△	◎	◎	◎
	岩棉	○	○	△	◎	◎	◎
石化塑膠類	聚苯乙烯泡沫塑料	◎	△	△	△	△	○
	氨基甲酸乙酯泡沫塑料	◎	△	△	△	△	○
天然類	再生木質纖維隔熱材	○	◎	◎	○	○	○
	羊毛	○	◎	◎	○	○	○

- 德國的《生態測試雜誌（Öko-Test Magazine）》在1998年1月號刊中公布了「綠住宅隔熱材環保度一覽表」，其中推薦的28種產品幾乎都是天然類隔熱材。
- 選擇隔熱材時，最好能考量到價格與性能的平衡度。
- 天然類隔熱材當中也有外國進口的產品，也應考量運送成本與CO_2排放量。

094

使用再生木質纖維隔熱材

 Point 日本活用庫存舊報紙所製成的再生木質纖維，獲得環保大國德國的推薦。

對環境友善的隔熱材

將庫存舊報紙加以粉碎、搗成綿狀，就成了再生木質纖維的原料（圖1）。因為不必使用新的原料，是對環境友善的建材。現在，日本市面上的大多數產品都在國內生產製造，所以運輸上耗費的能源也不多。

德國頗具權威的消費者雜誌《生態測試雜誌（Öko-Test Magazine）》，也將再生木質纖維列為推薦產品。

具有優異的隔熱與吸音性

再生木質纖維採用灌注法來施工，不會產生間隙，所以具有高隔熱性，而且100mm厚度便有約10 dB（分貝，decibel）的隔音效果。適用於牆壁、地板、天花板等部位，綿狀材料特別適合用於桁（橫樑）上方天花板的隔熱。

關東以西不需使用防水布

依日本法規規定，在關東以西一帶使用天然類隔熱材時，大多不需在室內側另外鋪設防水布（參照第202頁）。使用再生木質纖維隔熱材時的情況也相同，只要在室外側使用透溼性高的材料，就算不使用防水布也不必太擔心結露的情形發生。

便宜的價格

再生木質纖維的價格便宜，在天然類隔熱材中只高於羊毛隔熱材。價格也常一併包含了施工費。

一般屬於責任施工

隔熱材的施作工程對住宅的機能性有相當程度的影響。尤其是角落、斜撐、窗框四周的間隙必須確實地充填好材料，這點相當重要。而再生木質纖維的隔熱工程通常都由廠商進行責任施工，施工品質上具有一定保證（圖1、圖2）。

少數的幾個缺點

再生木質纖維因為主原料是報紙，所以討厭報紙油墨的人可能較難接受。另外，為了防蟲與不易燃，材料中會添加少許硼酸，但是因為建物完工時材料已被密封在牆內，可以說幾乎不會對人體產生不良影響。 〔落合伸光〕

■圖1 再生木質纖維隔熱材的施作工程

再生木質纖維

將舊報紙回收再利用，屬於資源循環性的隔熱材。製造時所耗費的能源極低，是價格與機能性兼具的天然隔熱材。

施工狀況

Matsunaga公司的產品「MS綠色纖維」，以麻的纖維取代接著劑，用來支撐再生木質纖維的重量、防止其下沉。

灌注再生木質纖維的牆內剖面（MS綠色纖維）

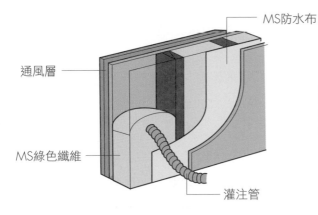

MS防水布
通風層
MS綠色纖維
灌注管

上樑後在外牆側先鋪設好透溼防水布，接著再請業者進行隔熱工程的施作。一般來說，業者會在內牆側鋪上一層不織布，然後插入專用管、灌注再生木質纖維。

■圖2 施工時的注意事項

☑ **進行灌注作業時應避免工地現場有其他工程同時施工**
灌注再生木質纖維時，需在內牆側鋪上一層布。由於施工時會產生飛塵，可能的話應調整施作進程，淨空工地現場。

☑ **確認施工內容**
基本上委由業者進行責任施工，所以施工完畢時，最好與業者一起進行確認驗收。

☑ **灌注作業前須先完成牆內的配線及配管**
若在灌注再生木質纖維後還要進行管線的變更追加的話，處理起來會很麻煩。也應避免在灌注作業施工期間進行變更插座位置等管線配置作業。

☑ **責任施工的業者是否有專業的施工能力**
業者的專業技術與施工準確度，常決定了住宅的機能性。應多方蒐集相關資訊，選擇值得信賴的業者。

095

使用羊毛隔熱材

Point 羊毛隔熱材的C/P值高，易於施工，是天然隔熱材中的經典選擇。

性能與施工上的優點

近幾年，在天然類隔熱材中，羊毛隔熱材的需求持續上揚。以下列出幾點理由：

- 有良好的隔熱性能，也有調節溼度的效果
- 施工方式與傳統的纖維類隔熱材相同，師傅施作時好上手
- 觸感滑順，安全性高
- 不僅有優異的機能性，價格上也相對便宜（圖2）

整體來說，表現特別優異的是，素材本身的吸溼放溼性。就算在相對溼度高達80%的情況下，羊毛隔熱材仍能持續吸溼，使空氣中的水分不易達到飽和，因此也不易產生結露。假使室內的水蒸氣從室內側流入牆內，只要在室外側使用透溼性高的建材，牆內的水氣就會從室外側逸散出去，而不會造成內部結露（圖1）。

正因為有這種特性，所以也不必像使用玻璃纖維綿等纖維類隔熱材時，為了避免溼氣進入牆壁內部而在室內側鋪上防溼氣密層。這在作業上算是很大的優點。

此外，有不少羊毛隔熱材為了進行防蟲處理，在製造時會添加些許硼酸，但這是基於驅避害蟲的考量，而且硼酸不會揮發逸散，所以不會有安全性上的問題。

依據原料的種類，產品類型可分為：100%初剪羊毛的產品、在初剪羊毛中摻入聚酯纖維以製造出蓬鬆空氣層的產品、以及將衣服及地毯等羊毛製品回收再製而成的產品。總體而言，這些產品在製造時所耗費的能源較低，還可選擇回收再利用的製品，因此整體的環保度極高。另外，若考慮到廢棄處理時的環境負擔程度，那麼儘管價格稍高，但100%初剪羊毛的產品會是較好的選擇（表）。

施工時留意打釘的固定方式

施工時最需留意的是打釘的固定方式。為了使隔熱材不會隨著時間而脫落下垂，使用釘槍均勻地加以固定是很重要的。　　　　　　　　　〔落合伸光〕

■圖1　使用羊毛隔熱材的示意圖

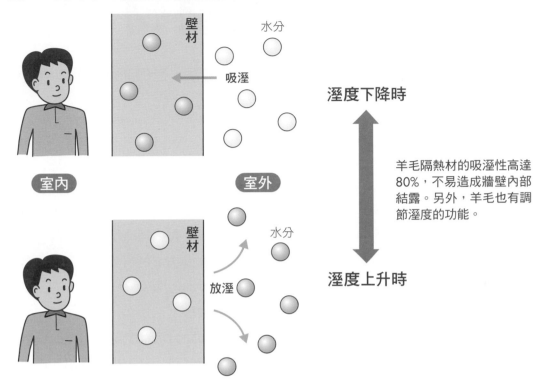

溼度下降時

羊毛隔熱材的吸溼性高達80%，不易造成牆壁內部結露。另外，羊毛也有調節溼度的功能。

溼度上升時

■圖2　羊毛隔熱材的優點

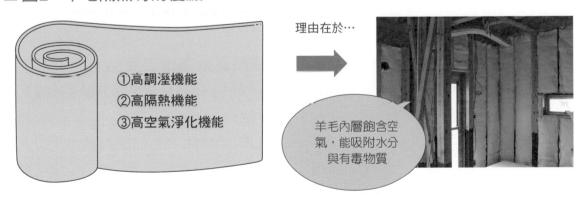

①高調溼機能
②高隔熱機能
③高空氣淨化機能

理由在於…

羊毛內層飽含空氣，能吸附水分與有毒物質

	優點	缺點
100%初剪羊毛	廢棄時羊毛會溶解，回歸大自然	價格高
初剪羊毛混合聚酯纖維	價格比純羊毛要來得低	廢棄時雖然羊毛會溶解，回歸大地；但是聚酯纖維並不能回歸大自然
100%回收再製品	廢棄時羊毛會溶解，回歸大自然。原料來自回收再利用的舊衣等，相當環保	價格高

096

其他天然類隔熱材

Point 植物類隔熱材有木質纖維與植物草莖類。進口產品需多加留意價格與尺寸規格。

植物類隔熱材

上一篇介紹的羊毛隔熱材，是唯一的動物類纖維隔熱材；除此之外，其他所有的天然類隔熱材都來自於植物纖維。以下列出幾種具代表性的製品（圖1）。

木質纖維類隔熱材

・再生木質纖維

原料為由木材精製而成的纖維質（纖維素），並加工製成毯狀的產品。知名度最高的是「Livewool」這個產品。

・輕量軟質木質纖維

以玉米澱粉為黏著劑，將木材纖維製成板狀的產品。日本國產品中以「Forest board」最具代表性。

・碳化發泡軟木

原料為栓皮櫟的樹皮，是將製作軟木塞後的剩餘材料再進行加熱壓縮而成的產品（參照第174頁）。以「碳化軟木板」為代表。

植物草莖類纖維隔熱材

是將不同種類的纖維加工製成毯狀的產品。

・亞麻纖維

原料是可持續成長的亞麻，雖然價格較高，但是製造時消耗能源極低，對環境造成的負擔小，是相當推薦使用的產品。以「Asawool」為代表。

・大麻纖維

從製造到廢棄對環境造成的負擔都很低。如果價格合宜，也可採用。以德國的「Thermohanf」為代表。

其它也有以棉花纖維、椰子纖維為原料的產品。

缺點是多為進口產品

上述隔熱材中，除了輕量軟質木質纖維的「Forest board」、與再生木質纖維（舊報紙回收再利用的隔熱材）為日本國產品外，其他多為進口產品，價格也略高。

另外，進口產品的規格、長度計量單位與日本有所差異，所以必須留意尺寸。未來，期待以亞麻、茅和洋麻製成的日本國產品能愈來愈普及。

〔落合伸光〕

再生木質纖維

Forest board

碳化發泡軟木

亞麻纖維

大麻纖維

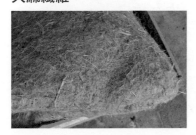

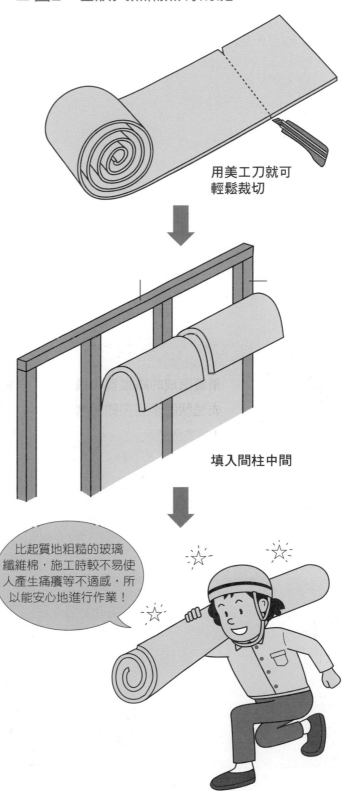

用美工刀就可
輕鬆裁切

填入間柱中間

比起質地粗糙的玻璃
纖維棉，施工時較不易使
人產生痛癢等不適感，所
以能安心地進行作業！

以當地建材打造「溫暖的住家」

　　屋主在鄰近大阪的新開發衛星都市中，取得了一塊大型住宅用地的建地後，委託我們進行住宅設計。這個案件是以消費當地物產為出發點，透過選用兵庫縣內的木材等方式，來進行建材的調度。

　　建地本身位於大阪神戶之間較寒冷的地區，所以設計重心就落在如何打造溫熱的室內環境上。選擇以填充隔熱與外部隔熱的方式進行施工，也相當留意產品的Q值（表示隔熱機能的數值）與C值（表示氣密性的數值）。從屋主實際入住後所進行的室內環境測量結果來看，隔熱性能比設計時預估的效果還要來得更好。我想主要得歸功於高精密度的施工，才有這令人相當滿意的結果。

　　建材上完全不採用合板。內牆使用灰泥與土牆，還有一部分的牆壁是由屋主一家人DIY塗上灰泥。地板使用扁柏與柳杉（右下圖），中島式廚房使用扁柏，至於門窗則都是以柳杉製成的原創設計。家中所用的和紙，是商請職人手抄製成的客製品；使用的石材也全都來自當地出產的丹波石（右上圖）。　　　　　　　　　　　　　　　　　　　　　　　　　　　　　　　　　　　〔山田知平〕

外觀

鋪設當地石材的玄關地面

室內

使用當地木材的地板

位置 兵庫縣川西市　　設計 山田知平　　施工 Ecoya Baobab（猢猻樹生態屋）

結構・規模 木造2層樓住家　　建地面積 56.21 m²　　總樓板面積 96.89 m²

自然材料・
問題處理的要點

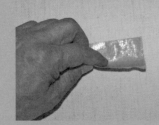

097

適合與不適合自然材料的屋主

 Point 適合自然住宅的屋主不僅能經常動手維護保養，而且也能享受經年累月後住宅所散發出的不同韻味。

與自然材料的契合度

從古到今的漫長歲月裡，人們與大自然的接觸未曾間斷。觀察這個過程，可以發現人們自然材料這項取自大自然的恩惠，兩者之間頗為契合。我想，應該有不少人相當嚮往自然建材所打造出的外觀、醞釀出的氛圍。然而，在實際生活中，一旦要成為居住者、與這些材料長期相處，未必像說起來那麼容易。

柳杉板鋪成的地板、與塗上珪藻土的牆面都具有優雅細緻的外觀，但也因為素材本身的柔軟特性而容易受損。而實木地板踩起來溫暖、觸感佳，卻也常發生變薄、反翹的情形。

因為自然材料會隨著時間推移而有所變化，所以必須加以維護保養。如果維護保養時也使用天然類的產品，例如天然塗料等，那麼補塗的間隔期勢必較短，處理起來難免有點麻煩。我認為，或許只有充分理解、接受這些不便之處，不以維護保養為苦，並且能享受素材變化的人，才可稱得上是「適合使用自然材料的屋主」（圖）。

另外，由於自然材料的重點在於使建材可發揮素材特性，因此，盡量不進行加工，也很少會添加使建材變得不易斷裂、受損的補強材。

不適合使用自然材料的屋主

單純只是喜歡自然材料創造出來的空間感受，卻以為不必動手保養就能永遠保持交屋時的狀態；怎麼都無法忍受地板等部位產生損傷或歪曲；或是將「保養簡便」視為第一優先順位，具有以上特徵的人，我們不妨將他們歸為「不適合使用自然材料的屋主」。

但話說回來，就算是不適合使用自然材料的人，在今日這個時代中，告知其自然材料種種有益於健康與環境的特性，使他們成為能接受自然材料的屋主，這點或許更為重要。　　　〔落合伸光〕

■圖　適合與不適合自然材料的屋主

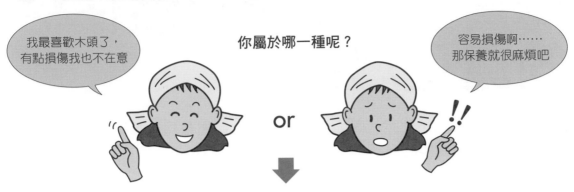

你屬於哪一種呢？

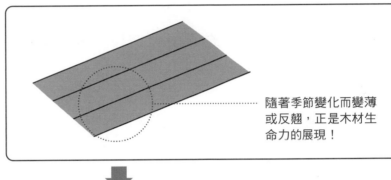

隨著季節變化而變薄或反翹，正是木材生命力的展現！

使用自然材料前，確實與屋主溝通說明，使他們理解並接受，是很重要的事！

有損傷也沒關係

只要在損傷的木材上用水沾溼，再用熨斗溫燙過，損傷的地方就會變得不明顯

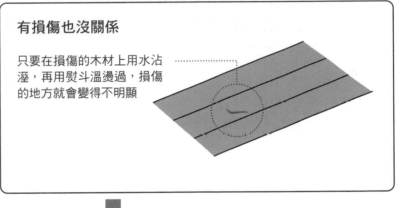

保養不馬虎

可以的話，1年最少補塗1次。上蠟也OK！

098

認清屋主選擇自然住宅的真正理由

 Point 選擇自然住宅的原因可分為：喜愛自然材料、考慮到環境負擔、以及身體的需求。

對自然住宅是否有一定的認識

面對傾向選擇自然住宅的屋主時，其實很難以「如果是這種設計內容的話，就稱得上是自然住宅」這樣的說法明確地說明及界定。

不過，仍有可以明確指稱是自然住宅的類型。舉例來說，就像是完全不用合板及新式建材，以純國產材打造的露柱壁結構，使用灰泥等日本傳統的自然材料建造而成的住宅。

另一方面，也有因是否該稱其為自然住宅而引發爭議的類型。像是使用進口木材（從海外進口木材，高度耗費能源及製造大量二氧化碳）、或集成材（使用大接著劑膠合而成，廢棄時會造成環境負擔）等建材的住宅便屬此類。

另外，屋主本身的預算也會有所影響，例如，就算希望採用國產實木材，但因為費用高昂而作罷的例子也不少。實際上，在有限的預算下，要蓋出符合屋主需求，同時使設計師、施工團隊都感到滿意的自然住宅，並不是件簡單的事。

傾向選擇自然材料的理由

為了清楚知道屋主選擇自然住宅的原因，必須了解他們著重的理由。大致區分成下列三種理由（圖）：

①**偏好、憧憬**：偏好自然材料，喜歡自然的空間氛圍與觸感。

②**考量到環境負擔**：對於考慮到另一層面的屋主來說，他們希望的是減輕從生產到廢棄整個過程中對環境造成的負擔。使用可回收再利用的材料，就不會造成廢棄物。而天然木材可吸收二氧化碳效果，以減低空氣中的二氧化碳。像這些有助於防止地球持續暖化的做法，都是這類屋主採用自然材料的理由。

③**身體的需求**：這是最具迫切性的理由。由於家人或屋主本身患有病態建築症候群、或是有過敏症狀，因此必須選擇不會揮發出化學物質的自然材料。這種案件在處理上必須相當留意用心。

〔落合伸光〕

■圖　屋主的需求是？

哪一個才是屋主的需求？

減輕對環境造成的
負擔、具環保意識

身體的需求

偏好、憧憬

預算呢？

雖然預算是個問
題，但還是想住在
環保住宅裡……

嗯～

決定設計內容

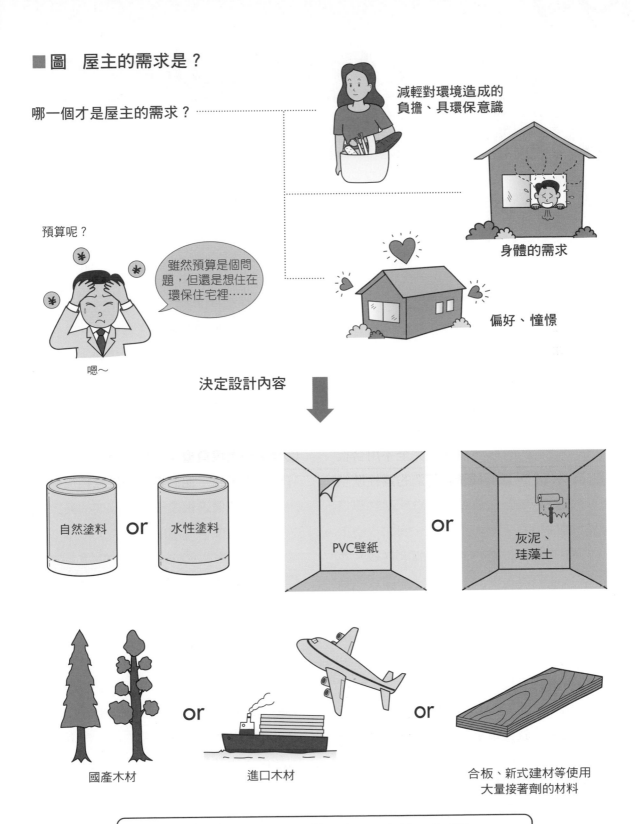

自然塗料 or 水性塗料

PVC壁紙 or 灰泥、
珪藻土

國產木材 or 進口木材 or 合板、新式建材等使用
大量接著劑的材料

需根據屋主的需求及身體狀況，確實地評估預算。

099

選用自然材料前必要的說明

Point 關於自然材料特殊的質地變化，必須事先詳細地加以說明。

特有的質地變化

不同於新式建材，自然材料的特性在於會隨時間推移而有質地上的變化。必須針對這一點向屋主事先說明，並取得其理解。應注意的是，若是疏忽了事前的詳盡說明，將可能引發交屋後的爭議。

關於木材應說明的地方

木材會因為乾燥造成收縮，使其與周邊連接的材料之間產生縫隙。例如：使用含水率仍高、經過自然乾燥的木材時，在設置後會慢慢乾燥。另外，原本存放在通風較差處的木材，只要一裝設在通風好的地方，就會迅速加快乾燥。特別是在高溼度時期砍伐的木材，乾燥之後很容易產生縫隙。反過來說，若是在乾燥時期（如：近太平洋側的冬季）進行地板等部位的鋪設，板材間就比較不易產生縫隙（圖上、中）。

另外，仍保有木芯的結構材也比較容易開裂。有時候，在施工階段時木材便已開始龜裂，或者入住後沒多久就開始聽見木材因乾裂而發出的聲音。

因為木材仍會持續呼吸的緣故，所以質地上會發生變化。而這些變化，許多相關品質保證法令也無法詳細規範，因此這一點必須事先獲得屋主的同意。但絕對不能因此故意選用未經乾燥的木材。

另外，實木的門窗隨著溼度變化，尺寸大小上也會有所差異。溼度高的季節裡會變得不好滑動，但若過度裁削，乾燥時反而又會從邊框脫落。所以切勿操之過急，應謹慎地進行細部調整的工作。

關於土牆的應說明事項

一般來說，如果遵循自然的施工節奏，搭建土牆應該要花上3年。若將工期縮短至1年，通常會使木材內側經「預裂處理」（參照第74頁）的縫隙變大，造成牆柱段差處被撐開、牆壁發生龜裂（圖下）。所以理想的狀態是，在施作中塗土的階段中讓裂縫自然產生，等約3年後再施作上塗以完工。　　　　〔大江忍〕

■圖　木材因為乾燥而產生縫隙

存放在木材行

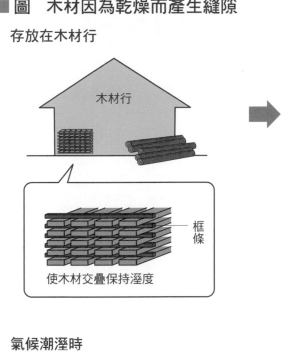

框條

使木材交疊保持溼度

新建住宅

隨著乾燥開始發生裂縫

氣候潮溼時

地板材　緊密咬合

氣候乾燥時

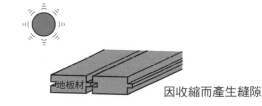

地板材　因收縮而產生縫隙

交屋時

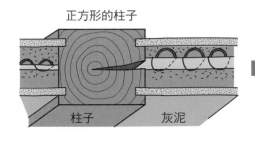

正方形的柱子

柱子　灰泥

隨著時間推移而持續乾燥

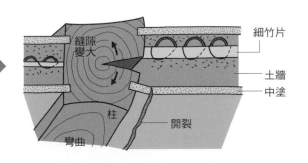

縫隙變大

細竹片

土牆

中塗

開裂

彎曲

柱

如果木材一端的裂縫持續擴大，就會造成牆柱段差處產生開裂。如果能在塗上中塗土後，再等1～2年後才完成施工，就不易產生裂縫。如此確實的施工，也能確保外觀品質及耐用性。

100
維護方法與說明方式

 Point 必須在設計前與交屋時進行說明。在設計圖說與預算書上也須先加上注意事項。

各個階段的說明

關於自然材料的維護方法，在設計前便應做好詳盡的說明，這點非常重要。一般來說，可依本書所列舉的材料種類事先準備好書面資料，如木材、土牆、木製門窗、和紙、與天然隔熱材等部位的照片，供客戶參閱，並說明其特徵（圖上）。如果能夠實際帶客戶到已完工的自然住宅，請長年居住在自然住宅的屋主親自提供相關建議，也是很好的做法。

另外，在各類文件中，可追加未來可能會發生爭議的部分，並以書面方式呈現。像是在設計圖說上增加可載明注意事項的欄位，在預算書的備注事項裡追加預算條件，並獲得屋主同意。

交屋時，在出示維護書的同時，也應在住宅現場依部位說明往後可能發生的問題（圖下）。

設計圖說與預算書上的備注範例

- 因為木材是天然材料，而非工業製品，所以會有裂縫、蟲蛀、木節脫落、甚至是心材與邊材混合的狀況。

- 採用傳統工法可使木材不易產生縫隙或是反翹，但是會花上相當長的施工時間（2～3年）。這是因為要讓材料產生扭曲、歪斜、變形的狀況後，才開始進行內部裝修。

- 本次施作工程因為使用實木材的緣故，可能會發生無法如期（6～12個月）完工的狀況，請理解這個狀況。

- 木製門窗會因為承受了家具等外加負荷的重量，而使門楣下滑；也會因為季節的溫度、溼度變化而使木材收縮，降低門窗滑動的順暢度。不過這些情況在入住2、3年後就會獲得改善。

- 入住後，木材雖然會因裂開或是磨擦而發出聲響，但不會對結構造成問題。戶外的木材淋過雨後，會有黃色汁液流到外側的灰泥牆面上，但是只要過一會兒就會自然消失，不需特別擔心。

〔大江忍〕

■圖　需要重點說明的部位

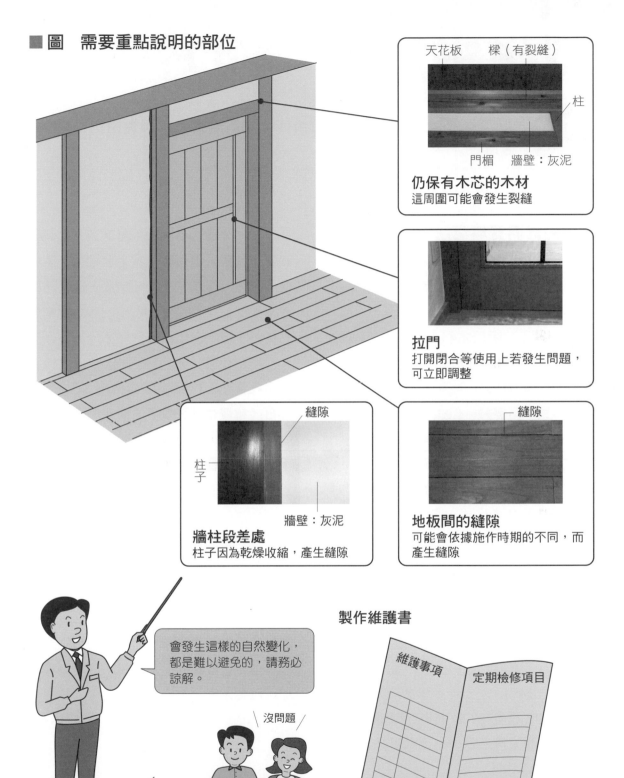

天花板　　樑（有裂縫）

柱

門楣　牆壁：灰泥

仍保有木芯的木材
這周圍可能會發生裂縫

拉門
打開閉合等使用上若發生問題，
可立即調整

縫隙

柱子

牆壁：灰泥

牆柱段差處
柱子因為乾燥收縮，產生縫隙

縫隙

地板間的縫隙
可能會依據施作時期的不同，而
產生縫隙

會發生這樣的自然變化，
都是難以避免的，請務必
諒解。

沒問題

嗯，畢竟自然材料不是工業製品
啊。不過考慮到環保及安全性，
這些變化都是可以接受的。

製作維護書

維護事項　　定期檢修項目

也可一併備注塗裝與設備費用的預算

101

製作維護書

 Point 維護書需分別依材料、部位製作，關於維護方法與費用也應清楚記下。

具體的書面資料寫法

維護書需分別依材料、部位製作，維護方法也依時間規劃，和預估的維修費用一併條列呈現。

室內裝潢所用木材（實木板等）的維護方法，可請屋主在下列兩種方式中擇一。第一種方法是一開始就不另外進行塗裝。雖然容易變髒，但如果不是特別在意的話，其實也能享受到木材本身色澤變化所帶來的樂趣。

第二種方法是將植物油、蜜蠟、或凡士林塗在木材上，形成保護膜使髒汙不易滲透到木材內部。這種方法雖然不易變髒，但是油脂會使木材變黃，而和原本的木材色澤不同。另外也需要定期維護保養，約每2～3年補塗一次。

就外裝而言，塗上木材保護塗料的部位，反而更容易脫落褪色。如果沒有頻繁地定期補塗的話，久久才補塗一次時木材就會快速吸收塗料，反而得比剛蓋好時用上更大量的塗料。這一點也需要記載在維護書上。

另一方面，外牆使用無塗裝木材時雖然劣化較快，但是劣化到某個程度後就不會再褪色。比起有塗裝的情形，反而不太需要頻繁地維護保養。若是刻意使用較厚的材料，還能壓低維修費用。

至於泥作工程，幾乎都不必進行維護。如果出現些微縫隙或裂痕，大概2年後再一起修整就可以了。而且若是施工時能等到2～3年後、木材的收縮狀況穩定下來時，再進行灰泥等施作，維護上也會比較輕鬆。

定期檢修與DIY

在交屋後的1個月、1年、3年、5年、10年，需進行定期檢修。應事先在維護書等書面紀錄上區分出瑕疵部分、以及為自然材料本身特質而不屬於瑕疵的部分。進行檢修時，需要請屋主同時到現場加以確認（表）。　　　　〔大江忍〕

■ 表　製作住宅的「診療卡」

_____ 宅 住宅診療卡　　　_____ 工程行

檢查日期	年　　月　　日	負責檢查人員
交屋日期	年　　月　　日	

① 柱牆交接處有裂縫　　　　　→ 觀察狀況　→ 預定3年後完工
② 同上　　　　　　　　　　→ 與其他部位一起進行修整
③ 地板間的縫隙 3mm x 2mm　→ 觀察狀況　→ 縫隙太大的部分要進行修整
④ 外牆有汙點　　　　　　　→觀察狀況
⑤
⑥
⑦

【圖面】貼上電腦輔助建築製圖（CAD）

②　　　　①　　　　　　　　　　　　　④

1樓平面圖　　　　　　　　　　　　　　2樓平面圖
③　　　　　　　　　　　　　　在平面圖上標明檢查重點

屋主簽名_____

（留存檔案備查）

102

受病態建築症候群困擾的屋主

Point 為患有病態建築症候群的屋主興建住宅時，必須具備相當的決心與關懷。

五花八門的症狀

如前所述，基於身體的需求而選擇自然住宅的人，大多受患有病態建築症候群，或是將來極可能受相關過敏病症所擾。而且，病情的程度可說是天差地別：有些人是在和過敏原共處一室時才會發作；然而，也有些重症患者，就算只是和身上穿著送洗衣物的人同乘一台巴士或車輛，也都會引發不適症狀（圖1）。而病情愈是嚴重者，誘發症狀的物質種類也愈多，並且就算只是微量，也可能導致症狀發作。

精神可能較不穩定

一般來說，病情較嚴重者有時可能略為神經質，也可能由於精神較不穩定，而較容易固執己見、有先入為主的傾向。再怎麼說，這些症狀總會影響患者自身的身體狀況、生活品質，甚至可能對生命帶來威脅。對此，應該好好地體察關懷。

較佳的因應方式

對於接受委託的一方來說，必須要有這樣的決心：要是缺乏堅持與客戶進行溝通的耐心與自信，那麼還不如拒絕委託。

理想的狀態是，設計師與施工者（最好也包含醫師）能組成一個小組共同因應處理。另外，比起一般的客戶，更應多加細膩體察、用心關懷。而且，由多位同仁細心地因應客戶的需求，討論應該也比較容易有進展。向客戶說明時，不能只是照本宣科地提及防範發病的種種措施，而必須對其身體及精神上的痛苦抱持相當的同理心。

另外，還得先做好這樣的心理準備：有些客戶或許容易先入為主、精神不穩定，所以其主張可能會反覆無常、變動不定。所以，建議應將雙方達成共識的施作內容、樣式規格紀錄於書面資料上，並請客戶本人確認簽名（圖2）。

〔落合伸光〕

■圖1 病態建築症候群發病的程度

咳 咳 咳

和過敏原同處一室時就會發病

隨著病情加重⋯⋯

刺激呼吸黏膜、皮膚炎、支氣管炎、哮喘、心悸、心律不整⋯⋯

與衣物上帶有過敏原的人在同一空間時就會發病

■圖2 接受委託的過程

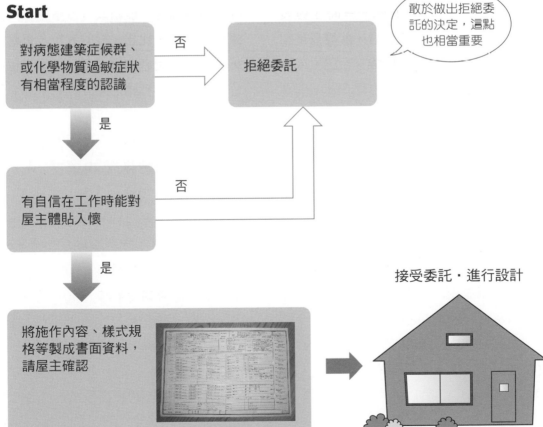

Start

對病態建築症候群、或化學物質過敏症狀有相當程度的認識

否 → 拒絕委託

敢於做出拒絕委託的決定，這點也相當重要

是

有自信在工作時能對屋主體貼入懷

否

是

將施作內容、樣式規格等製成書面資料，請屋主確認

接受委託・進行設計

103

針對病態建築症候群的設計重點

 Point 化學物質過敏症可列入保險給付範圍。對於深受過敏所苦的屋主必須特別加以關懷。

列入保險給付的化學物質過敏症

在日本，自2009年10月起，化學物質過敏症（表1）已正式列入保險給付項目。也就是說，與已在保險範疇內的病態建築症候群一樣，可以申請給付＊。因此，可以想見未來潛在的病態建築症候群病患也將增加。面對如此的社會背景，住宅設計者應該採取何種對策呢？以下，便整理出在日本與病態建築症候群息息相關的基準與法制。

‧厚生勞動省針對13種化學物質訂立的室內濃度基準值
‧平成15年（2003年）7月實施的建築基準法修正條例要點（針對甲醛濃度於內裝材上的使用限制、強制裝設通風設備、與天花板內部等的限制）（圖2）
‧住宅品質確保法的建材標示（可自由選擇希望的性能表示制度）

在遵守以上法制規定之外，也必須於實際施工時採取嚴密細膩的因應處理（圖3）。

實際上的因應方式

首先，在設計上便需格外注意。先了解當地的風向關係，以設計住宅門窗的開口位置。基本上，應少用化學物質的材料，多用自然材料。

其次是通風規劃。只要通風良好，便能防止結露、抑制發黴，也能預防塵蟎。為了達到預期的通風效果，在確保一定程度的氣密性的同時，也必須規劃、設置有效的通風管道。

對於深受過敏所苦的屋主

面對深受過敏所苦的屋主，應由醫師、設計師、與施工者共同組成因應小組來進行規劃。在建材選擇上，由於也有不少因自然材料而引發過敏的案例，所以不能使用柳杉等實木材。能完全放心使用的，大概只有玻璃、石材、灰泥、鐵等無機質材料。有時，設計師和施工者若是對案件缺乏自信，一開始就拒絕委託可能是較好的選擇。因此，最好能審慎進行事前的溝通協調（圖4）。　　〔落合伸光〕

譯注：
＊在台灣，「勞工保險職業病種類項目」中共註明了48項「第一類化學物質引起之疾病及其續發症」，可參見
104年9月18日修正之發布。

■ **圖1　進入人體的化學物質重量**

其他 2%
外部空氣 5%
食物 7%
飲品 8%
產業廢棄物 9%
第2名
公共設施（電車等）
12%
第1名
室內空氣
57%

■ **表　化學物質過敏症的主要症狀**

種類	症狀
自律神經症狀	出汗異常、手腳冰冷、容易疲倦、暈眩
神經・精神症狀	憂鬱症狀（身心失調）
	失眠等睡眠障礙、不安感
	頭痛、記憶力衰退、注意力低下、活力衰退
呼吸道症狀	喉嚨・鼻子疼痛或乾燥感、呼吸道阻塞感
	容易感冒
消化道症狀	腹瀉、偶爾便秘、噁心感
感覺器官症狀	眼睛刺激感、眼睛疲勞、無法對焦
	鼻子刺激感、味覺異常、對聲音敏感、流鼻血
心臟胸腔症狀	心悸亢進、心律不整、胸痛、胸腔痛
免疫症狀	皮膚炎、哮喘、自體免疫疾病、皮下出血
非泌尿・女性生殖症狀	月經不調、生殖器異常出血、經前症候群
	頻尿、排尿困難

■ **圖2　日本建築基準法修正條例的要點**

①內裝材上的使用限制（針對甲醛濃度）
②強制裝設通風設備
③天花板內部等的限制

■ **圖3　「病態建築症候群」與「化學物質過敏症」對策的設計圖說**（以日本為例）

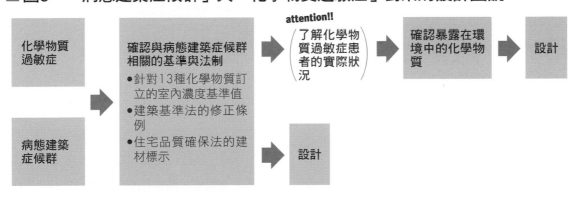

化學物質過敏症 → 確認與病態建築症候群相關的基準與法制
●針對13種化學物質訂立的室內濃度基準值
●建築基準法的修正條例
●住宅品質確保法的建材標示

病態建築症候群 →

→ 設計

attention!!
（了解化學物質過敏症患者的實際狀況）→ 確認暴露在環境中的化學物質 → 設計

■ **圖4　針對化學物質過敏症患者在空間設計上的注意事項**

①實木材一類的自然材料也常誘發病症，所以不能使用
②使用玻璃、石材、灰泥等無機質材料
③審慎進行事前的溝通協調

104

針對病態建築症候群的施工重點

 Point 因應病態建築症候群的對策是：選擇安全的材料，並以正確的方法進行施工。

適當的施工方式

為了不讓住宅引發病態建築症候群，除了材料的選擇，在建築工地進出的施工者的基本教育也非常重要。畢竟，就算再怎麼安全無虞的材料，也可能因為施工的方式而前功盡棄。

舉例來說，木材在存放及運送的過程中，不可與合板等新式建材共置一處。因為如此一來，揮發性有機化合物就會轉移到木材上（圖1上）。

另外，為了防治白蟻及防腐等需求而在地檻及木材上噴灑或塗抹藥劑，這類的工程也應盡可能避免。只要每年定期察看地板下方結構，就可發現白蟻的有無。如果真的發現白蟻的蹤跡，也只要在發現部位使用藥劑即可（參照第66頁）。

室內尤其要盡量避免使用含有有機溶劑的塗料，進行塗裝施工時也要注意通風。再者，也要避免將合板當成工地現場的防護材料來使用。徹底實施全面禁煙也是現場施工的重要規範之一（圖1下）。

選擇安全的材料

· **接著劑：** 如果能接受地板產生縫隙、或發出聲響，其實就不必使用。

· **榻榻米：** 草墊與表面的藺草，盡可能選擇無著色、或泥染的製品。榻榻米的底板，則和過去一般，採用不會妨礙榻榻米呼吸的柳杉板。現在因為較難取得安全的稻草，所以草墊的部分大多被新式建材所取代（圖2右）。

· **進口材料：** 可能在入關檢疫時就已塗上藥劑。雖然直接進口整根圓木、在國內才進行加工的製品比較安全，但在進口圓木時仍須像對待完成品般審慎注意。

自然素材並非全都安全無虞。根據居住者過敏程度、與誘發過敏反應物質的不同，自然素材也可能引起過敏現象。最好能事先提供現場使用的建材，讓屋主進行接觸測試、或先暫時試用，以確認是否會造成過敏反應（圖2左）。

〔大江忍〕

■ 圖1　有害化學物質的揮發

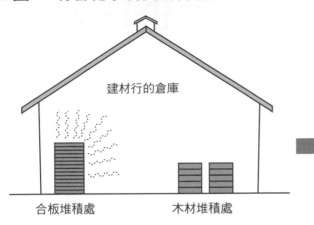

建材行的倉庫

合板堆積處　　　木材堆積處

存放、運送時，合板會逸散揮發性有機化合物，也會轉移到其他建材上

避免和合板一同運送

煙味會附著在建材上

徹底注重現場施工者的管理規範

保護地板時使用的合板會揮發有機化合物

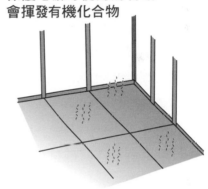

■ 圖2　選擇材料的方法

請屋主進行過敏反應測試

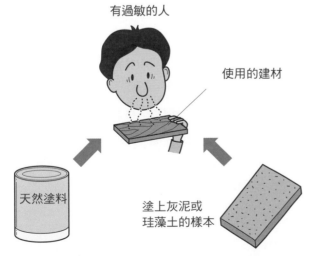

有過敏的人

使用的建材

天然塗料

塗上灰泥或珪藻土的樣本

安全的榻榻米草墊

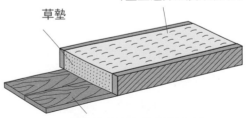

無著色、或泥染的藺草（盡量選擇無農藥栽培）

草墊

榻榻米的底板為柳杉心材

對於患有過敏的人來說，如果無法取得安全的稻草，有時聚酯纖維反倒是較佳的選擇

105

地板出現聲響時的處理方法

Point 處理二樓地板發出聲響的情況時，最好的做法是鑿洞後再栓入螺絲固定。

從地板下方加以處理

一般經過舌槽邊接加工的地板材，容易因溼度變化造成板材本身反覆膨脹、收縮，使板材側邊相連處浮動、互相摩擦而發出聲響。在未使用接著劑、光以螺絲固定的狀況下，也可能因螺絲鬆動、與樓板格柵相互摩擦，而發出聲響。

因應的方式是，等維修人員潛入地板下方後，再請屋主踩在發出聲響的地板部位上，以便人員確認該部位周圍是否有所浮動。若出現浮動，就從內側對該部位打入螺絲加以固定，這麼一來便能除去因磨擦而產生的噪音（圖1）。

另外，為了防止樓板格柵托樑浮起，可從礎石下方拉鐵絲固定；但這種做法也可能會因弦線緊拉而產生金屬聲響。這時候只要將鐵絲綁鬆一點就不成問題。

二樓的處理方式

如果是二樓地板等無法潛入地板下方的位置發出了聲響，可以在發出聲響及浮動的地板上方鑿出小洞，用螺絲加以固定

後，再用節栓（帶有節眼的小木栓）填平空洞（圖2）。這種填入節栓的方法在毫無節眼的地板上雖然較醒目，但是在表面有節眼的地板上效果則相當自然。應注意的是，為了避免完工後引來抱怨，必須事先告知屋主。

另外，從上方以電鑽鑿出小洞、並注入接著填補劑的做法，也能緩和摩擦所產生的聲響。關於接著劑的使用，也必須先獲得屋主的同意才能進行施工。

填平空洞的材料，則必須選用與地板材相同的素材。近來，市面上也售有將扁柏樹枝以輪切方式裁切而成的現成製品，而且有直徑大小不一的各種選擇。

鑿洞時若是使用電鑽，在一樓地板等部位就很可能因鑿得太深而傷及隔熱材（圖2右下）。若是使用專用的鑽孔治具、配合木工修邊機來鑿洞的話，就能將螺絲固定在地板的厚度中，不僅能避免傷及隔熱材，完工後也較為美觀。

〔大江忍〕

■圖1　從地板下方固定

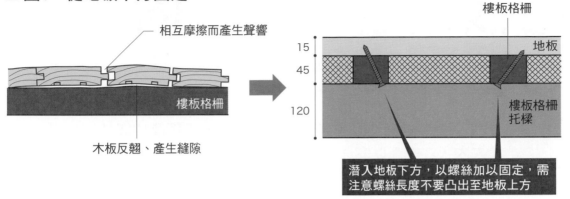

相互摩擦而產生聲響

木板反翹、產生縫隙

樓板格柵

15
45
120

樓板格柵

地板

樓板格柵托樑

潛入地板下方，以螺絲加以固定，需注意螺絲長度不要凸出至地板上方

■圖2　鑿洞固定

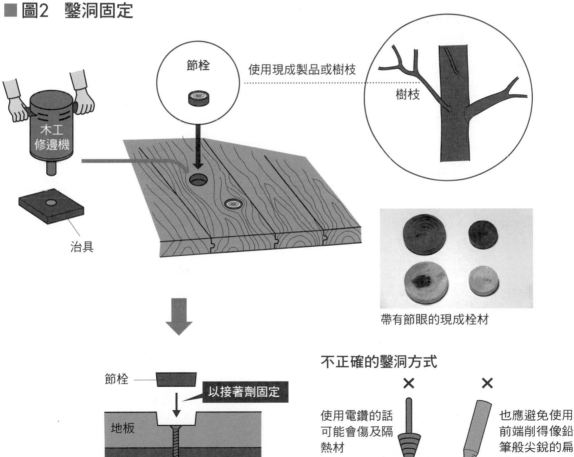

木工修邊機

治具

節栓

使用現成製品或樹枝

樹枝

帶有節眼的現成栓材

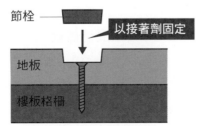

節栓

以接著劑固定

地板

樓板格柵

不正確的鑿洞方式

✕　使用電鑽的話可能會傷及隔熱材

✕　也應避免使用前端削得像鉛筆般尖銳的扁柏木棒

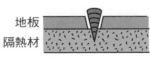

地板
隔熱材

233

106

地板產生縫隙及彎曲時的處理方法

Point 為了使木材有收縮的空間，必須保留一定程度的縫隙。若是縫隙太大，才需加以處理。

是否需要填補縫隙

實木地板容易沿著纖維平行的方向產生收縮。有時也會因縫隙隨著時間日益加大而引起居住者的抱怨。不過，為了讓會隨季節變化而伸縮的木材有足夠空間，保留一定寬度的縫隙的確有其必要性。特別是氣候乾燥時縫隙會跟著變大，而梅雨季節來臨時則會變小。另外，頻繁使用地暖及空調系統的住家，木材的水分也會大幅流失，容易造成板材彎曲、縫隙變大的現象。要保持適當的縫隙，則有賴於合宜的材料與工匠的純熟技巧。

鋪設柳杉及扁柏等針葉樹的地板材時，必須以鐵撬等工具從側邊壓密後、再以釘子固定（圖2）。特別是在高溼度時期進行施工時，要是沒有採用這種方法，地板材在乾燥後就會形成很大的縫隙。

產生縫隙時，可依據其寬度來決定是否進行填補。如果縫隙寬度在3～5mm左右，最好加以填補，且應從各種方法中選擇最適當的方式進行。

填補縫隙的方法

準備好寬度至少等同於縫隙最寬處的材料，並將材料等距橫置於縫隙處旁側。在材料上以鉛筆描出縫隙的形狀並裁切取下，再以手刨刀沿線刨削。然後，從寬度較小的地方慢慢壓入縫隙中，並以接著劑固定（圖1）。

也可以直接取下有縫隙的部分材料，替換成較寬的新材料。不過，由於材料通常都已先經過舌槽邊接加工，所以施工時得先除去新材側邊凸出的榫舌，然後在內側沾上接著劑進行膠合。但這樣也容易從新材除去榫舌後的間隙直接看到地板基底。所以，除非縫隙真的相當大，否則不建議採用這種施工方法。

另外，雖然會破壞自然材料特有的質感，但也可以考慮使用木工專用補土來進行修補（圖3）。雖然補土變硬後會略微凹陷，但由於施工方法簡便，在暫無預算、或總之想先填平縫隙再說時，可以考慮先使用這種修補方式。也可使用木質材料用的環氧補土，雖然價格較高，但硬化後較不會凹陷。　　　〔大江忍〕

■ 圖1　以木材填補地板縫隙

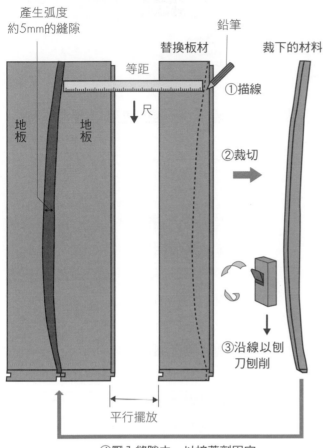

產生弧度
約5mm的縫隙

鉛筆

替換板材

等距

裁下的材料

尺

①描線

②裁切

地板

地板

③沿線以刨刀刨削

平行擺放

④壓入縫隙中，以接著劑固定

■ 圖2　不會產生縫隙的施工方式

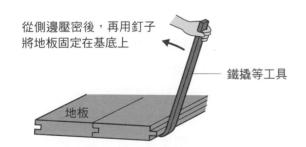

從側邊壓密後，再用釘子
將地板固定在基底上

鐵撬等工具

地板

■ 圖3　以木工專用補土填補縫隙

地板產生縫隙

貼上膠帶做為
保護

在縫隙間注入
木工專用補土

用鏟子刮去多
餘部分

變硬後以砂紙
磨平

撕下膠帶後便
大功告成

有時會因補土顏色和地板材不合而很醒
目。雖然縫隙變小打掃起來比較方便，但
由於補修後會留下明顯的痕跡，所以應事
先與屋主溝通。

107

地板出現損傷・凹陷・髒汙時的處理方法

 Point 別太過在意損傷，依照程度進行處置。髒汙的地方盡量用水擦拭。

損傷・凹陷的處理方法

從入住的那一天起，最好就別太在意地板的損傷。再怎麼說，日常生活中總會造成某些磨損，而這也都會成為住家歷史的一部分。隨著方法不同，有時修復過後反而會使損傷更加明顯，對此也必須有所體認。

如果是輕微的凹陷受損，在木材纖維完整的狀況下，用水浸潤木材就能使它恢復原狀。只要將沾溼的乾淨毛巾放置在凹陷處一會兒，木材就會吸收水分而回復原來的狀態（圖1）。

但若是損傷程度已經使纖維受損，就得從同一樹種木材上裁切、取下紋理幾乎相同的部分來進行填補修復。這種做法是，取下受損部位，再將替換材料以木工專用接著劑黏合、壓入。如果是有節眼的地板，使用節栓填平的話也很自然。或是，也可以將受損部位削去一部分，再使用木質材料用的環氧補土來填平凹洞，等硬化到一定程度後加以塑形，最後再用砂紙研磨表面（圖2左）。

若是細微的損傷，可以使用砂磨機或砂紙等工具磨出細小的木粉，並沾上瞬間接著劑填入凹處。這是一個可快速處理的方法（圖2左）。

髒汙的處理方法

基本原則是以擰乾的溼抹布進行擦拭。如果這樣仍擦不掉髒汙，可以搭配使用中性清潔劑，不過最好避免使用強力的清潔劑。至於最近很流行的小蘇打，由於使用過度可能會使木材變色，所以應多留意。若是遇上頑強的髒汙，廚房用的泡沫清潔劑也相當方便好用（圖2左）。

為了避免實木地板變髒，有兩個重要的原則：一是不穿拖鞋，二是不打蠟。因為沾附在拖鞋鞋底的蠟屑，和地板凹凸的縫隙相互摩擦後，會讓該處的汙垢更加明顯。如果要穿拖鞋，就得經常擦拭鞋底以保持乾淨。天氣冷的時候，建議不妨穿上厚襪，這樣一來，在室內走動時不僅不會弄髒地板，又兼有清潔效果，清洗起來也很方便。　　　　　〔大江忍〕

236

■圖1　利用水分修復木材的損傷

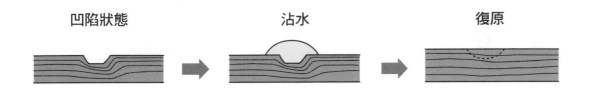

凹陷狀態　　　　　　　　沾水　　　　　　　　復原

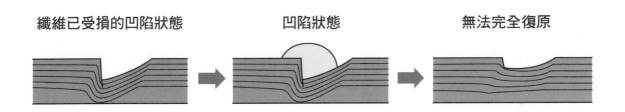

纖維已受損的凹陷狀態　　　凹陷狀態　　　　無法完全復原

■圖2　地板損傷・髒汙程度與相應的處理方式

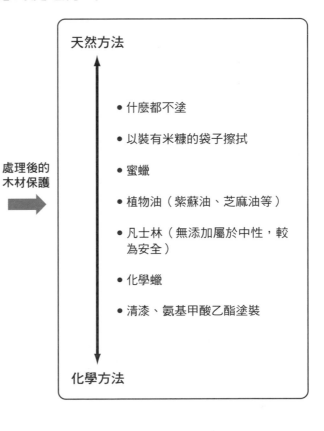

髒汙　↑　輕微

* 用水擦拭
* 橡皮擦
* 高科技泡棉（廚房用）
* 泡沫清潔劑（廚房用）
* 顆粒清潔劑（廚房用）
* 砂紙
* 沾水復原
* 木工專用補土
* 使用木材填平（填材）
* 替換受損部位

凹陷

損傷　↓　嚴重

處理後的木材保護　→

天然方法　↑

* 什麼都不塗
* 以裝有米糠的袋子擦拭
* 蜜蠟
* 植物油（紫蘇油、芝麻油等）
* 凡士林（無添加屬於中性，較為安全）
* 化學蠟
* 清漆、氨基甲酸乙酯塗裝

化學方法　↓

108

泥作材料出現裂痕時的處理方法

 Point 木材的收縮是導致泥作出現裂痕的原因之一。應判斷裂痕是由於結構問題、或因收縮所造成,再加以因應。

造成裂痕的原因

不論是因基底木材收縮程度不同而使牆壁歪斜,或是因地震等震動造成基底滑動,都可能使表面發生裂痕。特別是門窗開口位置的角落、或木材交接處更容易產生裂痕。另外,進行泥作時要是遇上低溫的氣候,急遽的乾燥、或乾燥時間過短,也都容易造成裂痕。

對於裂痕最好的因應方法,莫過於在施工階段就加以留意、預防。特別是在施工期間較短時,更應注意乾燥的狀況。

裂痕的因應方法

首先,必須判斷裂痕是由於結構問題、或因收縮所造成,然後才能思考應如何因應。

如果是結構問題所引起的裂痕,僅僅進行表面的修補,裂痕仍會不斷出現;若不修復結構本身,將永遠無法根治。對此,乾脆拆解到只剩下基底,徹底進行結構的補強。

如果是因收縮所造成的裂痕,若只是程度輕微的細縫,也可以放著不管。至於出現在珪藻土建材或土牆等泥作材料上的裂痕,也可以用噴霧器噴溼表面後再壓平來修補。

至於灰泥表面的裂痕,也有在裂痕上以粉筆塗抹的修補方式(圖1),但這只能算是權宜之計。儘管裂痕會變得較不顯眼,不過粉筆與灰泥兩者的白色色澤多少有所差異。

當整面牆都出現裂痕時,很可能是下塗土已經開始鬆動。此時只能將表面的上塗土完全剝除,再次進行打底處理、並重新塗裝。如果是灰泥牆,也可以直接在表面塗上一層新的灰泥上塗土(圖2)。

泥作材料常因材料攪拌不均勻、或基底吸收水分的程度不一,導致色澤的差異,這也使得修補更為困難。所以,比起只修補有色差的部分,劃定區域進行整面重塗的方式處理起來反而較快。

〔大江忍〕

■圖1　在灰泥牆的裂痕上以粉筆塗抹進行修補

修補前

以粉筆塗抹

修補後

■圖2　大面積裂痕的修補

進行打底處理

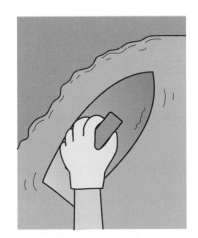

重新塗上一層灰泥

109

布質壁紙・紙質壁紙・和紙
脫落及破裂時的處理方法

 Point 對於剝落及髒汙進行適當處理。建議使用天然漿糊。

脫落的處理方法與漿糊

布質壁紙與紙質壁紙，可能會因經年累月的劣化使漿糊的黏著性變差、或因吸收溼氣使壁紙本身伸縮而脫落。如果是輕微的脫落，只需於脫落處內側重新上糊、再黏貼一次即可。因為漿糊容易發黴及腐爛，所以市面上販售的產品大多添加了防黴劑與防腐劑等。基於健康的考量，最好能找到安全、成分天然的澱粉漿糊、或自己動手製作（圖1）。

布質・紙質壁紙的處理方法

布質壁紙中也有考量到健康與環境、不含添加成分的製品。不過也因未添加防脫線劑、未進行不燃加工處理，所以交接處容易因纖維的伸縮而剝落。最簡單的因應方法就是盡量不碰觸壁紙的交接處。

另外，像是因手指油垢所造成的輕微髒汙，只要用黏貼膠帶輕輕按壓幾次就會變乾淨。但應注意的是，已滲入壁紙內部的髒汙就無法去除。

布質・紙質壁紙通常會因日曬而變色，容易比原始顏色要泛黃一些。這點得先向屋主好好說明。此外，雖然添加劑可以減少布質・紙質壁紙因褪色而色澤不均的問題，但基於某些室內裝潢的限制，有些房間不能使用含有添加劑的壁紙。因此使用前必須事先確認相關法條。

重新張貼壁紙時，只要用噴霧器噴溼整面牆，等漿糊分離後就能輕鬆撕下。

和紙的處理方法

和紙上的髒汙較難清潔，不過輕微的髒汙可以用橡皮擦擦除（圖2）。

一般來說，在表層的和紙底下，還會以袋貼法黏貼好幾層和紙（參照第190頁），所以替換和紙時，只要用噴霧器輕輕噴灑少量的水，仔細地剝下表層的和紙，就能重新張貼。要是和紙表面有輕微的破裂，也可以採取以往的做法，張貼上其他剪成花朵、葫蘆、或葉子形狀的小片和紙做為修補即可。　　〔大江忍〕

■圖1　安全的澱粉漿糊的製作方法

在鍋內倒入2水杯的水，再放入2大匙的玉米粉、麵粉、或太白粉

↓

開大火熬煮，均勻攪拌以避免結塊

↓

液體慢慢從乳白色變得清澈透明

↓

液體變透明後，轉小火再煮4分鐘

↓

完成

玉米粉　2水杯的水

均勻攪拌

注意
- 不要煮到燒焦
- 由於很容易腐壞，只要準備使用所需的量
- 由於不易保存，最好能立即使用。有時放上1天就會發黴

■圖2　去除髒汙的簡易方法

在紙質壁紙上使用橡皮擦
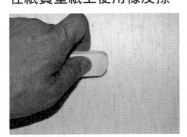
橡皮擦可以擦去髒汙。

在布質壁紙上使用封箱膠帶

膠帶可以清理輕微的髒汙，但無法去除已滲入壁紙內部的髒汙。

木創壁紙

使用棉、麻等自然素材，未經過任何藥劑處理的織品壁紙。也可選擇有機棉的製品。

110

其他自然材料產生問題時的處理方法

Point　墨汁的品質劣化慢，屬於非常珍貴的材料。窗簾最好也能使用自然材料。

軟木地板的問題

軟木地板會因為黏著時的瑕疵而造成脫落。脫落時，只要使用接著劑重新黏貼即可。若是使用上了蠟的軟木地板，只要持續定期上蠟就不容易變髒。最好盡可能使用天然蠟。

碳化軟木地板

碳化軟木地板因為不易發黴，也常當做浴室地板使用。是保溫性佳、耐用性也很好的建材（參照第177頁）。

只是，在常有水流經過的水龍頭下方等位置，會隨著時間推移而劣化，逐漸褪色。不過若是使用上沒有特殊疑慮，就算不加以替換也無妨。

相對地，接縫處和一般磁磚同樣使用砂漿的軟木地板類型，則會因乾燥而產生收縮，使接縫處出現裂痕。這時，必須清除接縫處裂開的材料，再次補上砂漿來固定。

塗上不易劣化的墨汁

塗上墨汁所形成的外部塗裝，其品質比起市售木質保護劑更不易劣化。儘管經過10年後，還是隨處可見脫落的痕跡，不過只要用便宜的墨汁再塗上一層就能恢復原狀。在墨汁還沒全乾前，一旦用溼布擦拭就會弄得很髒；所以保險起見，曬棉被的地方最好還是不要塗上墨汁。墨汁與柿澀、或赤鐵氧化物混合的話，便能調出接近茶色的色調（圖2）。

另外，在墨汁上再塗上芝麻油當成表層，更能提高耐久性。做法是將市售的芝麻油煮沸一次，加入辣椒，等到冷卻後才使用。雖然比較費工，但也能有效抑制表面發黴。

自然材料的窗簾

麻質或棉質的窗簾，質感、觸感都很細緻，和自然住宅很相襯。不過其缺點是容易褪色泛黃。而且，有些清洗方法甚至會使窗簾縮水的幅度超過一成，所以最好考慮到可能發生的縮水狀況，先準備好長、寬尺寸偏大的材料。　〔大江忍〕

■圖1　清除石材地板的水漬

用廚房用的漂白劑浸溼抹布，再將抹布放在地板上，等經過半天後以水沖洗
（大理石由於不耐酸，需特別注意）

■圖2　墨汁塗料的製作方式

加入柿澀

將柿澀與水以1：1的比例調合，攪拌均勻後混入墨汁中，調製出喜歡的顏色。
可調配出茶色到深茶色等原始又天然的色調。

● 用在外部塗裝時，加入墨汁可以提高耐久性
● 只有柿澀與墨汁的話無法充分攪拌，所以得再加入水
● 只製作需要的分量
● 因為容易立刻如寒天般凝結，無法保存，所以需要使用時再製作即可
● 塗在木材上的話，隨著時間色澤會慢慢變紅，所以需先考慮到顏色之後的變化才進行塗裝

加入赤鐵氧化物

一邊將赤鐵氧化物混入墨汁中攪拌均勻，一邊將塗料塗在板子上以確認顏色。

● 保存一段時日後赤鐵氧化物會分離、沉澱，所以使用前要仔細地充分攪拌
● 具有仿古色澤，適合用在室內
● 顏色上比較好搭配

「城墨」（竹住商店）

袋裝的赤鐵氧化物

墨汁＋赤鐵氧化物的顏色樣本

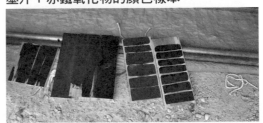

施工情形

翻譯詞彙對照表

中文	日文	英文	頁次
一劃			
乙酸乙烯酯	酢酸ビニール	vinyl acetate	156、182
乙苯	エチルベンゼン	ethylbenzene	183
乙醛	アセトアルデヒド	acetaldehyde	183
乙醯膽鹼脂酶	アセチルコリンエステラーゼ	Acetylcholinesterase	183
丁基滅必蝨	フェノブカルブ	Fenobucarb	183
二劃			
二甲苯	キシレン	xylene	183
二氧化矽	シリカ	silica	156
人字型鋪設	ヘリンボーン	herringbone	179
十四烷	テトラデカン	tetradecane	183
三劃			
山形紋	板目	cross grain	82、83、84、85、92、100、181
大利松	ダイアジノン	Diazinon	183
小竹條	間渡し竹		79、141、164、165
四劃			
中密度纖維板	中質繊維板（MDF 集成材）	MDF（Medium Desity Fiberboard）	58、60
中塗	中塗り	second coating	79、140、141、142、154、155、158、160、164、166、220
公益機能	公益的機能	social benefits of forests	42
化學物質過敏症	化学物質過敏症	Chemical Sensitivity	16、174、227、228
巴西棕櫚蠟	カルナバワックス	carnauba oil	117
心材	赤身	heart wood	74、82、84、80、100、181、222
木漆	ラッカー	lacquer	120
水泥、水泥漿	セメント、セメントノロ	cement	25、162、196
水泥砂漿	セメントモルタル	cement mortar	134
再生木質纖維隔熱材	セルロースファイバー	cellulose fiber	202、205、206、208、212
五劃			
打底處理	シーラー	sealer	149、238
丙烯酸	アクリル	acrylic acid	110
半槽邊接	相決り加工	shiplap joint	87、92
可再生能源	非枯渇資源	renewable resource	184
可燃燒安全斷面	燃え代		62、63、90、91
夯土	版築	rammed earth	162
布帘狀的補強材	のれん		79、165
平織紗布（寒冷紗）	寒冷紗	cheese cloth	140、165
玄關與地板交界處邊框	上がり框		197
生命週期成本	ライフサイクルコスト	LCC（Life-cycle cost）	36、37
生命週期評估	ライフサイクルアセスメント	LCA（Life-cycle assessement）	36、37、201
《生態測試雜誌》	エコテスト・マガジン	Öko-Test Magazine[德]	26、168、207、208
生態壁紙	エコロジー壁紙、エコ壁紙	ecological wallpaper	20、34
甲苯	トルエン	Toluene	183
甲基纖維素	メチルセルロース	methyl cellulose	138
甲醛	ホルムアルデヒド	Formaldehyde	46、108、121、128、129、135、174、182、186、228
白雲石灰泥	ドロマイトプラスター	dolmite plaster	148、158
石灰華	トラバーチン	travertine	195
石棉	アスベスト	asbestos	36
石膏板	石膏ボード	plaster board（gypsum board）	22、28、34、60、86、91、146、164、184、188、189、191
石膏膠泥	石膏プラスター	gypsum plaster	158
泥作	左官	plasterer	134、224、238
珪藻土	珪藻土	diatomite	117、130、156、161、164、166、216、219、231、238
六劃			
多孔石膏板	ラスボード	lath board	79、134、140、141、146
交叉斜撐	筋交いたすきがけ	counter bracing	78
交錯鋪設	千鳥貼		82
合成樹脂	合成樹脂	synthetic resin	108、110、120、156、182、183
地檻	土台	sill	50、66、74、80、202、230

次世代節能基準	次世代省エネルギー基準	the Next Generation Energy-saving Standards	30、202、204
灰泥	漆喰	plaster（stucco）	140、142、
灰泥砂漿	砂漆喰	lime sand plaster	78、79、140、142、160
竹網	小舞竹		79、134、141、164、165
自由水	自由水	free water	52
舌槽邊接	本実加工	tongue and groove joint	87、92、232、234
砂漿	モルタル	mortar	79、91、142、146、155、158、160、161、162、163、196、242
七劃			
局部試塗	パッチテスト	patch test	128、129
吸著水	結合水	bound water	52
束鬚狀的補強材	チリとんぼ		165
赤鐵氧化物	ベンガラ	Red Iron Oxide [荷：bengala]	117、120、242、243
八劃			
乳膠	エマルション	emulsion	110
亞麻	フラックス	flax	212
亞麻仁油	亜麻仁油	linseed oil	108、114、117
亞麻仁熱油	亜麻仁油スタンド油	stand oil	117
岩棉	ロックウール	rock wool	206、207
承重牆	耐力壁	bearing wall	32
松煤	松煙		120、136
松節油	テレビン油	turpentine oil	108、114、126
物質安全資料表	製品安全データシート	Material Safety Data Sheet（MSDS）	110、156、157
直紋	柾目	straight grain	82、83、84、85、92、100、179、181
花崗岩	花崗岩	granite	162、192、195
近心材面	木裏	heart-side	57、84、85
近邊材面	木表	sap-side	57、84、85
金屬網	メタルラス	metal lath	134、142、143
金屬網基底	ラス下地	lath covering	142、143
苯乙烯	スチレン	styrene	183
苯酚	フェノール	phenol	46
九劃			
上塗	上塗り	final coating	79、102、141、142、143、150、152、154、158、164、220、238
長樺打人內栓	長ホゾ込栓	tie-plug inserted long pivot	80
屋架	小屋組	roof system	77、81、102
屋面板	野地板	roof sheathing	62、63、74
建築生物學	バウビオロギー	building biology [德：baubiologie]	14、15、38
扁柏	ヒノキ	Japanese cypress	24、41、42、48、50、57、68、74、82、86、88、94、96、98、100、102、158、166、198、214、232、234
扁柏醇	ヒノキチオール	hinokitiol	50
指接接合	フィンガージョイント	finger joint	49、56、57
柳杉	スギ	Japanese cedar（Cryptomeria japonica）	24、27、38、42、44、48、50、64、68、70、74、82、84、86、88、90、94、98、100、102、166、168、176、198、214、216、228、230、234
柚木	チーク	teak wood	158
柱上溝槽	チリ決り		164、165
氡	ラドン	radon	192
洋麻	ケナフ	kenaf	184、212
玻璃纖維綿	グラスウール	fiberglass	206、207、210
紅花油	サフラワー油	safflower oil	108、117
十劃			
加熱除氣	ベイクアウト	bake out	17
修整面抹刀	引きずりゴテ、引きゴテ		146、158
栓皮櫟	コルク樫	cork oak	174、212
桁（橫樑）	桁	girder	63、74、76、80、208
框條	桟	mutin	100、101、221
桐木	桐	Paulownia	180、181
氧化熱	酸化反応熱	heat of oxidation	128

國家圖書館出版品預行編目（CIP）資料

綠建材：涵蓋結構材、裝潢材、隔熱材、塗裝、泥作110個綠建材特性與施工做法，打造健康、再生、減廢、低汙的理想宅 / 落合伸光等著；劉向潔譯.
-- 修訂二版. -- 臺北市：易博士文化, 城邦文化出版：家庭傳媒城邦分公司發行, 2023.05
248面；19×26公分. --（日系建築知識；23）
譯自：世界で一番やさしい自然材料増補改訂カラー版
ISBN978-986-480-299-9(平裝)
1.建築材料　2.綠建築
441.53　　　　　　　　　　　　　　　　　112006029

綠建材

涵蓋結構材、裝潢材、隔熱材、塗裝、泥作 110 個綠建材特性與施工做法，
打造健康、再生、減廢、低汙的理想宅

原 著 書 名／世界で一番やさしい自然材料増補改訂カラー版
原 出 版 社／X-Knowledge
作　　　者／落合伸光、大江忍、大場隆博、山田知平
譯　　　者／劉向潔
選 書 人／蕭麗媛
編　　　輯／李佩璇、鄭雁聿

業 務 經 理／羅越華
總 編 輯／蕭麗媛
視 覺 總 監／陳栩椿
發 行 人／何飛鵬
出　　　版／易博士文化　城邦文化事業股份有限公司
　　　　　　台北市中山區民生東路二段141號8樓
　　　　　　電話：（02）2500-7008　傳真：（02）2502-7676
　　　　　　E-mail: ct_easybooks@hmg.com.tw
發　　　行／英屬蓋曼群島商家庭傳媒股份有限公司城邦分公司
　　　　　　台北市中山區民生東路二段141號11樓
　　　　　　書虫客服服務專線：（02）2500-7718、2500-7719
　　　　　　服務時間：週一至週五上午09:30-12:00；下午13:30-17:00
　　　　　　24小時傳真服務：（02）2500-1990、2500-1991
　　　　　　讀者服務信箱：service@readingclub.com.tw
　　　　　　劃撥帳號：19863813　戶名：書虫股份有限公司
香港發行所／城邦（香港）出版集團有限公司
　　　　　　香港灣仔駱克道193號東超商業中心1樓
　　　　　　電話：（852）2508-6231　傳真：（852）2578-9337
　　　　　　E-mail：hkcite@biznetvigator.com
馬新發行所／城邦（馬新）出版集團Cite(M) Sdn. Bhd.
　　　　　　41, Jalan Radin Anum, Bandar Baru Sri Petaling,
　　　　　　57000 Kuala Lumpur, Malaysia.
　　　　　　電話：（603）90563833　傳真：（603）90576622
　　　　　　E-mail：services@cite.my

美 術 編 輯／陳姿秀
製 版 印 刷／卡樂彩色製版印刷有限公司

SEKAI DE ICHIBAN YASASHII SHIZEN ZAIRYO ZOUHO KAITEI COLOR BAN
© NOBUMITSU OCHIAI & SHINOBU OE & TAKAHIRO OBA & TOMOHIRA YAMADA 2013
Originally published in Japan in 2013 by X-Knowledge Co., Ltd.
Chinese（in complex character only）translation rights arranged with
X-Knowledge Co., Ltd.

■2016年03月10日 初版〈原書名《圖解自然材料》〉
■2017年09月12日 修訂一版〈更定書名《綠建材知識》〉
■2023年05月11日 修訂二版〈更定書名《綠建材》〉
ISBN 978-986-480-299-9

定價800元　HK＄267